U0197671

International Cooperation in Space
The Example of the European Space Agency

国际空间合作
欧洲空间局范例

〔法〕罗格·博奈　〔意〕维托里·曼诺 / 著

李　磊 / 译

吴　季 / 校

科学出版社

北　京

图字号:01-2013-8279

INTERNATIONAL COOPERATION:The Example of the European
Space Agency by Roger M. Bonnet and Vittorio Manno
Copyright ⓒ 1994 by the President and Fellows of Harvard College
Published by arrangement with Harvard University Press
through Bardon-Chinese Media Agency
Simplified Chinese translation copyright ⓒ (2013)
by China Science Publishing & Media Ltd.
ALL RIGHTS RESERVED

图书在版编目(CIP)数据

国际空间合作:欧洲空间局范例/(法)博奈(Bonnet,R. M.),
(意)曼诺(Manno,V.)著;李磊译.—北京:科学出版社,2014.1
书名原文:International Cooperation in Space:The Example of the
European Space Agency
ISBN 978-7-03-039163-6

Ⅰ.①国… Ⅱ.①博… ②曼… ③李… Ⅲ.①星际站-国际合作-
研究-欧洲 Ⅳ.①V476.1

中国版本图书馆 CIP 数据核字(2013)第 274311 号

责任编辑:侯俊琳 李 奕/责任校对:赵桂芬
责任印制:徐晓晨 / 封面设计:铭轩堂设计
编辑部电话:010-64035853
E-mail:houjunlin@mail. sciencep. com

科 学 出 版 社 出版
北京东黄城根北街 16 号
邮政编码:100717
http://www.sciencep.com
北京厚诚则铭印刷科技有限公司 印刷
科学出版社发行 各地新华书店经销

*

2014 年 1 月第 一 版 开本:720×1000 1/16
2021 年 7 月第七次印刷 印张:12 3/4
字数:177 000
定价:59. 00 元

(如有印装质量问题,我社负责调换)

谨以此书献给阿里亚娜、多米蒂拉和尼可罗

西欧各国在第二次世界大战中饱受创伤，战后各国都进入了一个休养生息和加速发展的阶段，国家的经济社会发展需求和安全需求非常类似。面对美国和苏联强大的技术优势，空间科技成为西欧各国发展和稳固自己国际地位的重要领域。在这样一个大背景下，法国、英国、德国、意大利、丹麦、比利时、瑞典、荷兰、挪威、瑞士10个欧洲国家首先走到一起，于1962年成立了欧洲的联合空间机构，也就是欧洲空间局(European Space Agency，ESA)的前身。但是，高技术领域的合作毕竟有其特殊性，其技术挑战和风险、昂贵的经费投入，以及不同文化在系统工程管理上的差异，都使得联合开展空间项目变得异常困难。然而，欧洲空间局的发展走出了一条非常成功的道路，堪称世界高技术领域国际合作的典范。

1972～1983年，维托里·曼诺曾任欧洲空间局未来空间科学计划与卫星任务规划负责人，1983～2001年，罗格·博奈曾任欧洲空间局副局长兼科学项目部主任，几乎经历了欧洲空间局从成立初期到快速发展的

所有阶段。他们不但对欧洲科学卫星计划作出了突出贡献，也是欧洲各国联合开展空间研究，包括和美国、俄罗斯及日本开展空间科学领域合作的主要策划者和决策者。因此，他们是此书中所述历史的亲历者，也是当然的作者。阅读由他们自己撰写的这段历史，可以全面真实地了解当时的历史背景、遇到的各种困难、决策时的战略思考和指导原则。

中国自 1970 年成功发射第一颗人造卫星以来，已经发射了超过 100 颗人造卫星、载人飞船和深空探测器。但是，由于超级大国对我们的封锁，我国的航天事业主要是通过自力更生发展起来的。经费也主要投入在和国民经济及国家安全密切相关的应用卫星计划上。2000 年 12 月，国务院新闻办公室发布了《中国的航天》白皮书，第一次明确提出要在开展空间技术和空间应用活动的同时，开展空间科学探索，并支持开展国际合作。这之后实施的我国第一个空间科学卫星计划——地球空间双星探测计划，就是一个中欧合作的科学卫星计划。它拉开了我国空间科学探索及与发达国家开展空间领域国际合作的序幕。2010 年 3 月，国务院批准中国科学院实施战略性先导科技专项，将空间科学卫星计划列为发展重点之一，使我国迎来了空间科学发展的新阶段。在这个历史时刻，我们翻译维托里·曼诺和罗格·博奈教授在十多年前撰写的《国际空间合作：欧洲空间局范例》一书具有多重参考意义。第一，了解空间科学发展的历史，思考我们的发展蓝图；第二，了解空间领域国际合作的经验与教训，前事不忘，后事之师；第三，了解以空间科学为核心任务的机构建设的历史和经验。希望此书的出版能够对我国新时期空间科学的发展起到借鉴和推动作用，使我国的空间科学事业走向开放合作，又好又快地发展。

吴 季
2013 年 7 月 2 日

致谢

首先对赫布·弗里德曼邀请笔者撰写本书表示最诚挚的感谢。在世界——特别是欧洲——政治格局发生剧烈变化，尤其是在需要对欧洲空间局的长远规划作出决策之际撰写本书，对笔者是一个巨大的挑战。

感谢欧洲空间局的赖马尔·吕斯特和让·马里·吕东局长对创作本书的支持。如果没有众多欧洲空间局同人的帮助，本书的撰写将会困难得多，内容也将单薄得多。在此，还要感谢吉恩·阿雷茨、吉恩·路易斯·鲍彻、马丁·布雷迪、贾科莫·卡瓦略、赫伯特·弗兰克、朱利奥·格里利、加布里奥·拉费朗德里、马里克·安热勒·勒穆瓦纳、勒内·奥尔斯特林克、阿恩·佩德森、让·皮埃尔·普罗沃斯特、伊恩·普赖克、温弗里德·托马、乔治·范·雷埃特、西蒙·弗美尔和彼得·温策尔。

感谢欧洲咨询公司的雷切尔·维伦许可使用来自其著作《世界航天工业调查》中的图20。

衷心感谢迪娜·鲍尔和瓦莱里娅·勒屈勒德的支持和帮助。

本书中的观点仅代表笔者本人，并不代表笔者所在的单位。

目|录

中译本序　i

致谢　iii

引言　001

第一章　欧洲空间局的成立　003

第二章　指导原则　029

第三章　欧洲空间局及其成员国　069

第四章　国际合作　085

第五章　国际合作的两个范例　113

第六章　新环境　141

结束语　161

英文参考书目　165

附录一　欧洲空间研究组织和欧洲空间局航天器　169

附录二　"地平线 2000"长期规划　177

索引　183

本书讲述了国际空间合作发展过程中的一个特例。在欧洲空间研究组织（European Space Research Organization，ESRO）和欧洲空间局的创立过程中，20世纪曾两度交战的国家冰释前嫌、携手合作，为世人树立了一个独一无二的典范。这一范例尤其适用于当下的政治形势：东西方之间的"冷战"已经结束，这为确定空间合作的新框架提供了机会。考虑到当前太空竞赛减速，空间计划的规模和范围日益扩大，迫切需要将研究力量和资金投入相结合，国际空间合作显得尤为必要。

30多年以来，欧洲国家已经在欧洲空间研究组织和欧洲空间局的框架内成功地进行了合作。同时，它们也没有放弃自己国内的项目，以及与欧洲或世界其他机构之间的双边或多边合作。这种嵌合式活动正是欧洲的特点，反映了欧洲国家不同的政治结构和经济能力，是多个国家为了实现共同目标而在科技方面同心协力的成功范例。

在所有的科学活动中，空间科学自始就是国际和平合作最富有成果的领域之一。主要原因是它依赖于公开交换信息、数据及在科学任务中获得的所有成果。还有一个原因是所选择的科学项目未受到与科学追求卓越这一基本原则相违背的非科学因素的干扰。因此，首个欧洲空间组

织就自然而然地纯粹以科学与和平为目标。

20 世纪 90 年代，基础科学（不包括对地观测和微重力）仅占欧洲空间局总预算的约 13%，1993 年仅为 3.3 亿会计单位①，约合 3.9 亿美元，其余的预算（25 亿会计单位，约 30 亿美元）用于"阿里亚娜"（Ariane）火箭的开发、参与国际空间站活动、远程通信、对地观测和微重力项目。尽管比例不大，但空间科学在欧洲空间局占有非常重要的优先地位。科学计划是唯一的强制性计划，也是欧洲空间局凝聚力赖以存在的唯一计划。

作为曾经或仍然负责欧洲空间局空间科学计划管理的科学家，我们自然倾向于将空间科学作为欧洲多国合作的最佳范例。因此，我们有意不对"阿里亚娜"火箭的研发、对地观测数据的分发及通信卫星的应用等商业活动作讨论，也没有讨论载人航天计划，但我们讨论了上述计划中涉及国际合作的部分，并且在讲到空间站部分时不吝笔墨，因为空间站对未来的全球合作至关重要。

本书成稿于 1991～1994 年。在此期间，全球格局和政治结构变化之快不可思议。我们已对本书的内容作了必要的修改，以收录这些变化。

---

① 欧洲空间研究组织时代的会计单位以金本位为准，旨在确保与美元的等值（1 会计单位等于 1 美元）。但是 1975 年理事会投票决定，会计单位采用欧洲共同体理事会制定的标准。自 1980 年起，1 会计单位原则上等于 1 欧洲货币单位（European Currency Unit，ECU）。

第一章

欧洲空间局的成立

第二次世界大战结束后，随着苏联和美国的空间计划取得初步成功，一些欧洲科学家意识到欧洲建立国际空间研究组织的必要性，只有这样一个组织才能使欧洲团结起来，共同与美苏两个空间强国对话，才能打造出具有竞争力的空间计划。这也有助于防止欧洲最杰出的科学家流失到美国。如若不然，欧洲单个国家则只能凭一己之力与之竞争，或是参加北约框架下的空间组织①。因为北约是一个军事组织，而多数欧洲科学家都希望维持与苏联同行对话的可能性，所以这一提议被放弃了，这也为达到未来欧洲空间研究组织纯粹的和平的目的奠定了基础。

一个更为现实的因素是欧洲空间活动可推动技术进步，而这对欧洲的经济和工业复兴有重要意义。没有堪与苏联或美国相媲美的军事空间计划，欧洲的航空航天工业很难达到较高的技术水平，发射能力也是如此。民用空间计划是对这一情形可能的补救措施。

当时美国需要一个强大的欧洲空间组织作为全球政治平衡的重要元素，这也解释了为何欧洲会是美国空间计划国际化的最大受益者，以及为何随着欧洲科学和工业经验的增长，其发展势头和自主意愿越来越强。因为起步较晚，所以最初除了与两大超级空间强国合作，欧洲别无选择。

对竞争力和自给自足方面的考虑一直在欧洲空间政策中起重要作用。1975 年继承欧洲空间研究组织衣钵的欧洲空间局实际上是一个国际组织，其目的纯粹是为了和平而共同研发科学和应用卫星，以增强欧洲工业的竞争力。这些卫星，以及空间实验室和"阿里亚娜"火箭的成功研

---

① 1959 年，北大西洋公约组织（North Atlantic Treaty Organization，NATO）的科学顾问建议成立一个欧洲版的美国国家航空航天局（National Aeronautics and Space Administration，NASA），以协调有意与美国国家航空航天局合作的欧洲国家的活动。1958 年，在国际科学联盟理事会框架下成立国际空间研究委员会（Committee on Space Research，COSPAR），时任执行委员会主席的荷兰人亨克·范·德·许尔斯特应北大西洋公约组织邀请，起草了国际空间研究委员会协调空间研究国际合作的规划。他的态度表明欧洲科学家对此缺乏热情。此事就此了结，北大西洋公约组织再也没有讨论过此事。

发，证明这些目标均已实现。因此，工业政策在欧洲空间局及其项目的整体运行中仍然扮演着重要角色也就不足为奇了。我们将在第二章中对此进行深入讨论。

一、先驱者

欧洲空间研究组织的成立要归功于两位牵头的科学家：意大利的爱德华多·阿玛尔迪和法国的皮埃尔·奥格，两人都曾于1954年参与组建了欧洲核子研究中心（European Center for Nuclear Research，CERN），该中心很快就成为欧洲著名的粒子物理学中心。欧洲核子研究中心成立于第二次世界大战后，当时组织国际层面的大科学研究的需求已经变得越来越迫切。X在苏联发射首颗人造卫星和美国空间计划开始实施后，空间科学成为单个欧洲国家无力承担的一个领域，即使对于已开展大量国内计划很多年的英国和法国来讲也是如此。一旦各国在原则上接受资源和技术共享，强烈的政治动机就成为欧洲空间研究组织得以成立的必要条件。

阿玛尔迪迈出了第一步，他致信包括奥格在内的数位同人，建议成立一个类似欧洲核子研究中心的空间科学组织。1960年1月，在尼斯举行的国际空间研究委员会上，初步讨论了这一提议并得到了英国代表哈里·马西爵士的大力支持。随后于1960年2月在奥格位于巴黎的公寓举行了非正式会议，法国、意大利、德国、比利时、荷兰、瑞典、瑞士和英国都派代表参加了会议。在1960年之后举行的几次会议中，对未来空间组织的计划进行了讨论，拟定了一个关于发射工具、测试和集成设施，以及可能的成员国的地面跟踪站等的清单，奠定了欧洲空间研究组织的基础，并确定了其主要组成部分：总部（中心），是用于集成、测试、卫星和火箭发射准备的工程中心〔后易名为欧洲空间技术中心（European Space Technology Center，ESTEC）〕；欧洲卫星跟踪网络和遥测站（ESTRACK）；数据分析中心［欧洲空间数据中心（European Space Data Center，ESDAC）］；此外还计划在欧洲空间技术中心附近修建一个小型研究实验室［欧洲空间实验室（European Space Laboratory，ESLAB）］及一个发射基地（ESRANGE）。会议同时还讨论了这一未来机构的主要部门：负责制定有关成员国的政策和管理办法的理事会，以及负责审查所有研究建议书的科学委员会。

与会代表在这些早期会议上的决定反映了他们坚定的态度：欧洲空间研究组织应该是一个纯粹的科研组织，尽可能地避免政府对具体事项的干扰。这一原则至今仍主导着欧洲空间局科学活动的管理办法。早期会议讨论的重点是科学和技术事宜。需要指出的是，会议有意避免讨论将卫星送入轨道所需的发射方式这一敏感问题，因为这一议题政治性太强，运载火箭既可用于科学目的，又可用于军事目的。但是，经过政府间积极的磋商，最终确定成立欧洲运载火箭开发组织（European Launcher Development Organization，ELDO）。

早期会议结束后，成立了一个筹备委员会，由奥格任主席。1961年3月13~14日在巴黎召开的首次筹备会议上，选举成立了筹备委员会主席团，由哈里·马西爵士（英国）任主席，路易吉·布罗利奥（意大利）和亨克·范·德·许尔斯特（荷兰）任副主席，皮埃尔·奥格（法国）任执行秘书。同时，还成立了两个工作组，一个负责科学事宜，另一个负责管理和财务事宜。在接下来的几周内，确定了科学计划，并刊发在目前著名的"蓝皮书"上。

简而言之，大国与小国之间态度的差异开始显现。大国（法国、德国、意大利和英国）最关注的是超出它们自身能力之外的大项目，而小国因为本国空间项目规模较小或根本没有，更倾向于探空火箭和小型卫星项目。对于小国而言，该组织应成为一个可满足它们自身需要的空间机构，而大国在将该组织视为一件必需品的同时，还将其视为本国空间组织的竞争对手。因此，正如"蓝皮书"中所描述的那样，计划

中既包括一系列大型和小型的卫星项目，还包括一个探空火箭项目。

二、预算

一个重要的问题是预算。英国代表基于其最近从欧洲核子研究中心获得的经验，坚决反对空白支票式的开放式预算，尽管他们也认为预算数额应足以满足欧洲合作的需求。最终，与会各方一致同意，应为预算设定一个上限，并确定欧洲空间研究组织第一个八年的预算最多为306个会计单位。但是，同时也规定，理事会可根据未来的需要对这一上限进行调整，但调整方案需要在三年一度的资源需求会议上讨论，并须征得所有成员国的一致同意。这一措施由英国提出和大力推动，其目的是保护英国的利益，防止欧洲空间研究组织预算超支。各成员国缴费数额按其国民净收入均值来确定，任何成员国的缴费数额都不能超过欧洲空间研究组织预算总额的25％。至今，上述协议在欧洲空间局强制性活动（包括科学计划）的财务规定中仍有反映。表1描述了欧洲空间研究组织的首份财务计划，图1描述了欧洲空间局预算的变化情况。

表1　1961年确定的欧洲空间研究组织年度预算估计值　（单位：百万美元）

第几年	有效载荷	发射成本		飞行器	跟踪和数据处理	薪金	总计
		火箭	卫星				
1	8.1	2.8	0.0	0.3	0.6	0.3	12.1
2	14.0	2.0	0.0	0.8	7.0	0.3	24.1
3	18.8	1.6	0.0	0.8	8.1	0.3	29.6
4	17.9	1.6	3.6	4.4	2.8	0.3	30.6
5	17.6	1.6	5.3	6.1	3.0	0.3	33.9
6	17.6	1.6	11.1	12.0	3.0	0.3	45.6
7	17.6	1.6	11.2	12.0	3.0	0.3	45.7
8	17.6	1.6	11.2	12.0	3.0	0.3	45.7

资料来源：哈里·马西爵士和M. O. 罗宾斯合著的《英国空间科学史》（剑桥：剑桥大学出版社，1966）

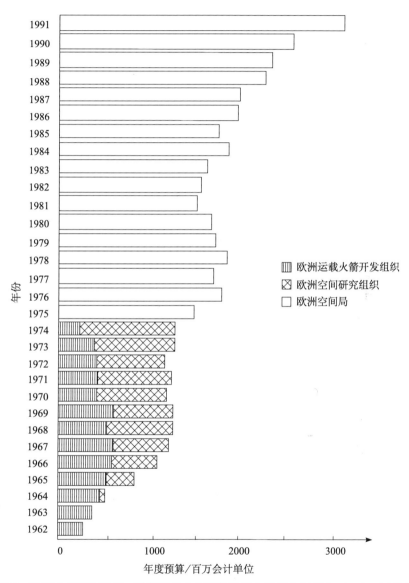

图 1 欧洲空间研究组织、欧洲运载火箭开发组织和欧洲空间局 1962～1991 年年度预算变化图。数据采用 1991 年的百万会计单位。1993 年，1 会计单位＝1.3 美元

三、地域分布

在项目开始之初，除纯粹科学目的之外的其他事项也必须纳入考虑范围。引起成员国激烈争论的事项之一是各种科学、技术和管理机构的地域分布。地域分布这一概念首次如此明确地作为这一未来空间组织的重要问题被提了出来。现在看来，如果不考虑地域分布问题，欧洲空间研究组织和欧洲空间局的创立要困难得多，或者说根本就没有可能。合理的地域分布在这一未来空间组织的成功运作中发挥了重要作用。

最初的建议是将总部与欧洲空间技术中心放在同一地点，以便主要科技活动与相关管理工作的协调，即使是现在，仍有人倾向于这种建议①。英国提出，愿意在伦敦附近的布拉克内尔选址安置欧洲空间技术中心和总部的联合体，但这一提议遭到了拒绝，原因是担心这样一来会赋予英国太大的优势。最终，在 1962 年 4 月代表团团长的投票表决中，巴黎代表团以 10 票支持 2 票反对（挪威和瑞典）争取到将总部设在巴黎，地点就设在巴黎的欧洲运载火箭开发组织总部附近。

欧洲空间技术中心的安置地为荷兰代尔夫特理工大学，得票数为 6 票，其竞争对手布鲁塞尔得到 4 票。欧洲空间技术中心于 1965 年迁到诺德韦克。诺德韦克的面积更大，毗邻斯希普霍尔机场，距离莱顿大学仅 10 千米。欧洲空间技术中心最初被安置在简易楼中，1966 年 10 月 14 日的一场大火将这些简易楼付之一炬后，欧洲空间技术中心于 1968 年搬进

---

① 在对 1989～1990 年欧洲空间局的科学计划管理进行审查后，根据英国代表团的要求，多名顾问建议局长考虑科学计划部重返欧洲空间技术中心的可能性。他们的分析表明，这样做的费效比较高。这一建议最终没有被采纳，因为这样会把科学计划的最高管理层与欧洲空间局的其他部门，尤其是政治决策机构及行政部门分隔开来。上述部门多数都位于欧洲空间局总部所在地巴黎。

了更坚固的建筑内。

同样，达姆施塔特（联邦德国）以 8 票对 4 票击败了日内瓦，建立了欧洲空间数据中心，欧洲空间数据中心后更名为欧洲空间运行中心。会议还讨论了是否根据意大利的提议将小型的研究实验室"欧洲空间实验室"建于毗邻罗马的弗拉斯卡蒂的欧洲空间高级研究实验室（European Space Laboratory for Advanced Research）或欧洲空间研究所（European Space Research Institute）内[①]。这一意见没有得到英国的支持，英国建议将欧洲空间实验室安置在欧洲空间技术中心附近，然而意大利（布罗格里奥）坚持认为这种小型实验室应安置在意大利，这一建议最终被成员国接受。但成员国并未就欧洲空间实验室的范围和规模达成一致，这一问题最终留给了理事会决定。在瑞典的争取下，探空火箭发射设施（ESRANGE）最终建在了基律纳。

四、高层的任命

另一个敏感的、需要进行政治方面讨论的问题是关键职位的人选：局长，行政总监，欧洲空间研究所、欧洲空间实验室和欧洲空间数据中心的科学主任，欧洲空间技术中心的技术主任。对上述人选的任命，成员国的关注度不亚于对相关机构安置地点的关注度。

局长人选的决定并不困难：皮埃尔·奥格是不二人选，他得到了所有成员国的赞同。其他职位人选由代表团团长组成的任命委员会确定。

---

① 该建议遭到首任局长恩斯特·特伦德伦堡的强烈反对。1965 年，欧洲空间实验室在荷兰诺德维克的赫尔姆豪斯特（Helmhorst）酒店成立，数月后搬到了欧洲空间技术中心所在地的一幢临时建筑内。1966 年火灾后，欧洲空间实验室搬到了诺德韦克的另一家酒店 Zinger，随后又迁至附近的诺德维克豪特（Noordwijerhout）村一幢新建筑内，直到 1969 年迁回欧洲空间技术中心。1968 年 9 月，欧洲空间实验室与欧洲空间技术中心正式合并，合并后称为空间科学部（Space Science Department，SSD）。

技术主任人选的确定也相对容易，因为英国人弗雷迪·莱恩斯在皇家航空研究院工作期间表现出了优秀的技术能力，成为这一职位的当然人选。赖马尔·吕斯特被任命为兼职科学主任，因为他还要兼顾位于加尔兴的马普天体物理学研究所的工作①。欧洲空间研究院、欧洲空间实验室和欧洲空间数据中心的负责人均需向其报告工作。上述单位的负责人分别为来自联邦德国的赫尔曼·乔丹，来自联邦德国的恩斯特·特伦德伦堡，以及来自瑞典的斯蒂格·科梅。行政总监的任命比较困难。英国推举的候选人为托马斯·克罗利，而奥格则希望由他在筹备委员会的助手让·穆萨德担任该职务。最终穆萨德获得了理事会秘书这一新增职位，克罗利担任了行政总监，不过前提是英国分担的经费最多，并且任何欧洲空间研究组织的设施均不得设在英国。显而易见，政治和民族主义方面的考虑在欧洲空间研究组织的机构设置方面有着重要影响。

五、欧洲空间研究组织协定

1962 年 6 月 14 日，欧洲空间研究组织协定（The ESRO Convention，简称"协定"）和财政协议在巴黎由筹备委员会除挪威之外的所有创始国（比利时、丹麦、法国、意大利、荷兰、瑞典、瑞士、英国和联邦德国）签署，另外非创始国的奥地利也签署了上述协定和协议。"协定"规定，欧洲空间研究组织由局长和理事会管理，理事会由成员国提名的代表组成，每个成员国提名两人，理事会有一名主席，两名副主席，每年至少举行两次会议。"协定"生效的前提是需要至少 6 个成员国签署，这 6 个签署国的经费贡献应占总预算的 75% 以上，并且其中应包

---

① 吕斯特一直担任该职务，直至 1964 年欧洲空间研究组织正式成立。随后该职位空缺，直到 1965 年瑞典人伯特·伯林担任该职务。

括欧洲空间研究组织设施所在的东道国。

截至1964年3月13日，除意大利之外的所有国家都批准了于3月20日生效的"协定"。筹备委员会经过研究同意，为了不再浪费时间，意大利代表团可参加理事会的会议，但没有表决权，直到意大利批准"协定"为止。同时，意大利可参加科学活动，意大利人也可在理事会中任职，并且没有意大利的同意，不得就欧洲空间研究院作出任何决策。理事会首次会议于1964年3月23～24日举行，奥地利被授予观察员资格，同时挪威也被授予了这一资格，首任主席为哈里·马西爵士，该任命由荷兰代表团提议并获得一致通过。亚历山大·赫克尔（联邦德国）和亨克·范·德·许尔斯特（荷兰）为副主席。在该会议上还成立了科学和技术委员会及管理委员会[①]。

理事会负责欧洲空间研究组织的整体政策和计划，而日常管理则由执行委员会负责，但是在欧洲空间局成立之前，欧洲空间整体政策都是在欧洲空间联合会（European Space Conference，ESC）的层面上决定的，欧洲空间联合会负责协调欧洲空间研究组织、欧洲运载火箭开发组织和欧洲空间远程通信联盟的政策。1966～1977年，欧洲空间联合会共举行了9次会议。欧洲空间局成立后，欧洲空间联合会的活动也随之停止，其职能由欧洲空间局部长级会议接替。

部长级会议为重新确定欧洲空间研究组织的主要目标提供了良机：部长级会议发起论坛，提出重大项目建议，并进行深入的讨论。需要特别指出的是，1968年11月欧洲空间联合会在德国巴特戈德斯贝举行会议，部长们原则上同意合并欧洲运载火箭开发组织和欧洲空间研究组织，并且将合并后的机构更名为欧洲空间局。该会议首次提出选择性计划概

---

① 在当前的欧洲空间局，这两个委员会的职能由科学计划委员会（Science Program Committee，SPC）与管理和财务委员会负责。

念，选择性计划旨在为有意参加欧洲运载火箭和应用计划研发的成员国提供机会。与之相对的强制性计划则要求所有成员国必须参加。强制性计划概念的提出也可追溯到这次会议。将上述探测设想转化为具体的任务建议并制定出相应预算的任务交由时任欧洲空间研究组织理事会主席的詹彼得罗·普皮负责。

1971年12月在布鲁塞尔召开的欧洲空间联合会（ESC）会议也是一次非常重要的会议，该次会议达成的"首个一揽子协议"中包括了未来欧洲空间局计划中的所有重要事宜。另外，该次会议还确定了未来欧洲空间局协定的基本原则。这些原则性协议在1972年12月和1973年7月的欧洲空间联合会会议上被细化为具体的规划，会议同时也批准了"第二个一揽子协议"。

在"第二个一揽子协议"成功实施后，1985年在罗马召开的首次部长级会议和1987年海牙第二次部长级会议对欧洲空间局未来的活动进行了讨论。在这些会议上，部长们原则上接受了欧洲参与空间站的"哥伦布"（Columbus）计划，开发新型"阿里亚娜"火箭"阿里亚娜-5"，并启动了"赫尔墨斯"（Hermes）空天飞机计划。最后但并非不重要的是，在罗马会议上，"地平线2000"（Horizon 2000）中的空间科学项目被作为欧洲空间局的核心强制性计划，会议原则上同意在未来10年将科学预算至少增加50%，在下述几章中我们将对此进行详细讨论。随后两届部长级会议分别于1991年在慕尼黑和1992年在格拉纳达召开。恰逢苏联解体和冷战结束的这两次会议成为欧洲空间局历史上另一个转折点。

六、欧洲运载火箭开发组织

在欧洲空间研究组织成立的同时，欧洲的两大空间强国英国和法国也在考虑开发将未来的欧洲卫星送入轨道所需的发射能力，否则欧洲空间研究组织只有依赖美国的运载火箭。英国曾开发"蓝光导弹"（Blue Streak）以作为未来弹道导弹项目的一部分，但该项目于 1960 年 4 月在具备实战能力之前被放弃，因为与美国更先进的"北极星"和"民兵"导弹相比，该项目已经过时。已经在发动机上投入近 1 亿英镑的英国政府认为，"蓝光"也许是未来民用运载火箭第一级的一个不错的选择。同样，法国也在开发其未来的核导弹及一系列先进的探空火箭，因此法国认为其在这一领域的经验可用于开发卫星运载火箭。

科学家创建欧洲空间研究组织是为了满足科学需求，而政府创建欧洲运载火箭开发组织则是为了充分利用它们在军事和民用领域的技术经验和早期的财政投资。二者一个是讨论空间科学合作的，一个是研发发射系统的，看似接触较少。科学界不愿卷入发射系统的研发，可能是因为担心该项目潜在的军事用途，以及担忧空间科学的预算会被吞噬。因此，上述两个欧洲空间组织的筹划建立几乎是独立进行的。

1961 年 1 月 28 日，法国总统戴高乐在与英国首相哈罗德·麦克米伦密谈之后意识到，欧洲可以成为第三大空间力量。1961 年 1 月 30 日，在斯特拉斯堡的欧洲议会大厦举行的由英国民航大臣主持的会议奠定了未来欧洲运载火箭开发组织的基础。该组织将负责开发可将重约 1 吨的卫星送入高约 500 千米圆形轨道的运载火箭，但该项目经过相当长的时间才最终确定方案，协议于 1962 年 4 月 30 日签订，1964 年 2 月 29 日生效，签约国包括澳大利亚、比利时、法国、联邦德国、意大利、荷兰和英国。

该运载火箭名为"欧罗巴"，共有三级，第一级为英国的"蓝光"，第二级是由法国开发的"柯拉莉"（Coralie），第三级则由联邦德国牵头、

多个欧洲国家共同开发。此外，意大利负责开发和制造第一系列的卫星，比利时负责地面站必需的设备，荷兰负责遥测系统和相关的地面设备，发射基地位于澳大利亚的伍默拉①。需要指出的是，尽管众所周知欧洲运载火箭开发组织完全出于和平目的，但瑞典和瑞士两个中立国因为不愿和这个军事色彩过于浓厚的组织产生关系，没有参加筹备小组。后来，荷兰和参加筹备磋商的丹麦获得了观察员资格。和欧洲空间研究组织基于国民生产总值的财政体系不同，该组织将各个成员国缴纳的资金用于各自的项目②。每年投票一次，2/3以上成员国同意，且投赞同票的国家所缴纳的总资金占总预算的85%以上，投票才有效。

与欧洲空间研究组织一样，欧洲运载火箭开发组织也由一个理事会管理，主要管理人员包括秘书长、技术主任和行政主任，另外还有少量职员。欧洲运载火箭开发组织的总部设在巴黎，其秘书长的职责和欧洲空间研究组织局长的职责大不相同。秘书长只有模糊的协调权限，而绝大部分活动是由强国的机构负责组织，尤其是法国和英国。欧洲运载火箭开发组织理事会于1964年5月5日举行了首次会议，曾担任筹备小组秘书长的意大利大使伦佐·卡罗比奥·迪卡罗比奥被一致推举为欧洲运载火箭开发组织的秘书长。

欧洲运载火箭开发组织诞生后不久就出现了严重的问题，而这些问题正是源于该组织的运行模式。该组织没有任何真正的技术和管理权，因为这些都归成员国的不同机构管理，每个成员国负责自己的部分，没有一个总承包商负责项目的总体管理。尽管运载火箭的第一级测试取得成功（事实上，"蓝光"在整个测试飞行过程中始终就没有失败过），但

---

① 欧洲运载火箭开发组织于1966年决定，在法国空间局（French Space Agency, Center National d'Etudes Spatiale, CNES）的法属圭亚那空间中心建立自己的发射基地。

② 三个主要贡献国的财政分担份额如下：英国38.79%，法国23.93%，德国22.01%。

第一级和第二级的集成从来都没有成功。"欧罗巴"从未能进入轨道或成功发射卫星。此外，1962 年预计第一个五年投入的资金约为 7000 万英镑，但事实很快证明这一数额远远不够。同时，项目进展一拖再拖。还有，对该运载火箭项目的定位也很糟糕。在这一背景下，欧洲空间联合会于 1966 年决定将"欧罗巴"的能力提高为可将 200 千克的卫星投送到地球同步轨道，以便更好地满足未来欧洲的需求，尤其是在远程通信卫星方面的需求。这一新要求使原预算增加了近两倍，并且因为技术问题和研发拖延，预算在 1969 年不得不再次增加。

新的运载火箭"欧罗巴-2"于 1971 年 11 月 5 日在法国库鲁进行了测试。不幸的是，这是该火箭的首次测试同时也是最后一次测试。问题的根源在于德国制造的第三级系统的一个部分发生了电子干扰。该运载火箭项目的惨败促使成员国反思欧洲运载火箭开发组织执行委员会、成员国和航天工业的管理程序，有些成员国甚至质疑是否确实有必要发展欧洲自己的运载火箭。1973 年 5 月 1 日，欧洲运载火箭开发组织理事会决定停止开发"欧罗巴-2"，代之以"欧罗巴-3"。但自 1968 年就开始讨论的"欧罗巴-3"始终停留在纸面上，不过"欧罗巴-3"的概念为"阿里亚娜"（图 2）的开发奠定了基础。"阿里亚娜"当时被称为 L3-S（三级运载火箭替代方案），其研制是上述欧洲空间局"第二个一揽子计划"的一部分。因为已经失去了继续存在的理由，欧洲运载火箭开发组织于 1974 年停止运营，所有人员均由欧洲空间研究组织接管。1975 年欧洲空间局成立，其主要任务是开发"阿里亚娜"运载火箭，这一任务的财务和技术事宜全部交由法国空间局负责。这样的安排旨在避免重蹈欧洲运载火箭开发组织的覆辙——那是欧洲空间合作早期所遭遇的最大困难之一。

图2 位于基律纳发射台上的"阿里亚娜"运载火箭。该运载火箭的设计旨在将卫星送入地球同步转移轨道

与欧洲空间研究组织相比，为什么欧洲运载火箭开发组织会以失败而告终呢？欧洲空间研究组织为欧洲科学界提供设施和服务，其项目虽然由科学家自己来定义、运作和评议，但管理权却在欧洲空间研究组织手中，所以最大限度地避免了政治干预。与此相反，欧洲运载火箭开发组织直接由各成员国主导，被剥夺了集中管理的能力。在日后建立其他多国合作研究和开发组织时，必须要牢记欧洲运载火箭开发组织的经验教训。

七、欧洲空间研究组织危机和欧洲空间局的成立

1965 年，欧洲空间研究组织理事会批准的八年计划中包括 300 枚探空火箭，两个系列的低地球轨道小型卫星，以及两个大型卫星。欧洲空间研究组织成立后前四年将主要精力用于建造基础设施和招募人员。至 1966 年，三个大型设施已经投入运行。欧洲空间发射基地（ESRANGE）建于瑞典北部的基律纳，雷达跟踪站也逐渐投入使用。截至 1968 年年底，欧洲空间研究组织已经成功发射了 100 枚探空火箭，并且在美国的帮助下发射了首批三颗小型卫星，即用于研究宇宙射线和太阳 X 射线的 ESRO-2B 卫星，于 1968 年 5 月 17 日发射；用于研究电离层和极光的 ESRO-1A 卫星，于 1968 年 10 月 3 日发射；以及用于研究磁层和日地关系的高偏心轨道卫星 1 号（HEOS‑1），于 1968 年 12 月 5 日发射。本书后附的航天器目录简要描述了这些任务的基本情况。

尽管开局取得了上述成绩，但同时欧洲空间研究组织也经历了首次重大危机，产生这次危机最重要的原因是欧洲空间研究组织没能明确其计划中前两个大型卫星项目的技术和财务事宜。

首个项目是大型天文卫星（Large Astronomical Satellite，LAS），

用于天体观测，工作在波长为 912～3500Å[①] 的紫外波段。该卫星三轴稳定，稳定度要求在 1″ 以内，望远镜的直径为 50～80 厘米。到 1965 年，欧洲空间研究组织和欧洲运载火箭开发组织之间的接触大幅增加，它们预计可使用位于法属圭亚那的新发射场发射该卫星。新发射场能发射重量大得多的卫星。

第二个大型项目更是雄心勃勃。计划建造月球探测卫星、月球空间站、某种行星探测器或飞越彗星的探测器。最终由比利时科学家波尔·斯温斯领衔的一个小组提出了一个彗星项目，其中一个著名成员是彗星科学领域的知名专家、德国科学家路德维希·比尔曼。另一个提议是开展一次国际木星飞越任务。但所有上述项目均无果而终。

上述两个项目目标过高，显示了这个年轻组织的不成熟，危机就在眼前。同时，成员国在理事会中想要竭力将预算控制在可接受的范围内，因为理事会无法就三年的预算达成一致，欧洲空间研究组织预算不得不按年度批准，有时甚至是按月批准。因为项目成本不断攀升、进度不断拖延，成员国和科学界对欧洲空间研究组织越来越不满，认为这一组织成本太高、回报太低，即使是中型卫星 TD-1 和 TD-2 也无法按可接受的预算生产出来。1967 年，西班牙要求将其缴纳的会费降至其正常国民生产总值份额之下。

祸不单行，在爆发危机的同时，对欧洲空间研究组织在保护科学项目方面做得太过的批评声也越来越多，而如果其昂贵的技术和工程设施用于欧洲其他可能的电信和其他空间应用方面的合作项目，将具有较大的价值。要求欧洲空间研究组织和欧洲发射器开发组织合二为一，执行统一的空间政策，将科学与应用融为一体的压力也越来越大。

在以荷兰人扬·班纳为首的多名科学家的大力推荐之后，欧洲空间

---

① Å 指"埃"，为长度单位，一百亿分之一米。

联合会在 1967 年 7 月于罗马召开的第二次会议上设立了一个顾问委员会，负责对该组织和包括大型天文卫星与彗星项目在内的大型项目进行审查。由法国人让·皮埃尔·科斯领衔的顾问委员会于 1968 年 1 月发布了首份报告，同年 11 月，巴特戈德贝斯空间会议对该报告进行了讨论。该报告提出整合欧洲空间研究组织和欧洲运载火箭开发组织，并首次提出将合并后的组织命名为欧洲空间局。需要耗费欧洲空间研究组织 1968～1972 年 40％资源的大型天文卫星项目被放弃了，彗星项目也是同样的命运。

不过，后来实施了两个目标与之相似的项目，只不过实施的框架有所不同。第一，对大型天文卫星项目进行了调整，作为美国国家航空航天局、英国和欧洲空间局之间的一个联合计划，并重新命名为国际紫外线探测器（International Ultraviolet Explorer，IUE）（图 3）。该探测器于 1978 年发射，并且从此以后由美国国家航空航天局和欧洲空间局共同运行。该项目是迄今为止最成功的空间天文项目之一。第二，欧洲空间局科学计划委员会于 1980 年 7 月决定实施名为"乔托"（Giotto）的哈雷彗星飞越任务（图 4）。该任务是欧洲最成功的太阳系探索和空间科学项目之一。

科斯报告建议，除了科学卫星之外，新的机构还应开展应用卫星项目，研发运载火箭，以及通过大量技术研究项目以支撑上述活动。于是，成立了另一个由时任理事会主席的詹彼得罗·普皮领衔的高级委员会，以对该建议进行更深入的审查。同时，法国和丹麦谴责欧洲空间研究组织协定，目的是向其他成员国施加压力，以扩大该组织的应用项目。在接下来的数月内，欧洲空间研究组织风雨飘摇，前途未卜。

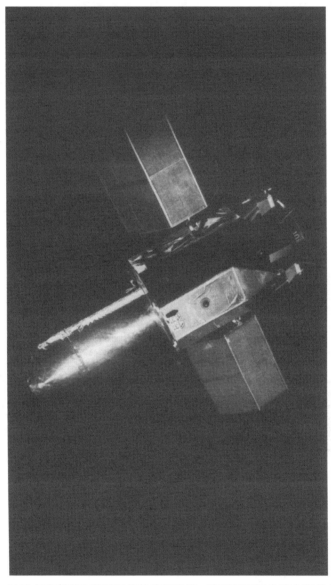

图3　1978年发射升空的国际紫外线探测器。该项目可视为缩小版的大型天文卫星项目，即欧洲空间研究组织的首个大型项目。1993年3月10日，欧洲空间局举行了国际紫外线探测器在轨15周年庆典

图 4 欧洲空间局飞越哈雷彗星的"乔托"任务是在欧洲空间研究组织的第二个大
型项目停止约 20 年后才实施的，该任务可视为欧洲空间研究组织最初计划的缩水
版。该卫星于 1985 年 7 月 2 日通过"阿里亚娜-1"运载火箭发射，并成功完成了
任务。这是欧洲空间局首次使用自己开发的运载火箭发射科学卫星任务，也是欧洲
空间局的首次行星际任务，同时也是"阿里亚娜"火箭执行的首个非商业任务。
"乔托"于 1986 年 3 月 13～14 日与哈雷彗星相撞，但幸存了下来，随后于 1990 年
7 月首次取得了地球引力变轨成功，1992 年 7 月 10 日以破纪录的 200 千米的距离对
葛里格-斯克杰利厄普（Grigg-Skjellerup）彗星进行了近距离观测。"乔托"是首个
实施两次彗星交会任务的航天器，将于 1999 年返回近地轨道（校者注："乔托"已
于 1999 年第二次飞掠地球）

　　普皮的建议，即"首个一揽子计划"的核心，在 1971 年 12 月于
布鲁塞尔召开的欧洲空间大会上进行了讨论并通过。这些建议对欧洲
空间研究组织的科学活动的主要影响如下：逐步淘汰探空火箭项目，
直到 1972 年中完全终止；1973 年停止欧洲空间研究所当前的活动；将
科学预算削减到 2700 万会计单位以下（普皮的建议是 3500 万，但理

事会对该预算进行了大幅削减）；将欧洲空间发射基地的职责在 1972年 7 月移交给瑞典，仅以特殊项目的名义保留探空火箭项目，且数量被大幅削减。

理事会明确表示，将会增加应用计划，减少科学计划。在理事会作出上述表态后，法国和丹麦立即撤回了谴责，"首个一揽子计划"得以批准，这一重新定位需要对欧洲空间研究组织协定进行大幅修改，使成员国能够根据自己的意愿参加应用项目，并且不受欧洲空间研究组织基于国民生产总值的预算约束。

但要正式实施这一协议并使欧洲空间局正常运转至少需要召开三次欧洲空间会议，第一次会议于 1972 年 12 月召开，确定了项目的内容，即所谓"第二个一揽子计划"，主要内容如下：

（1）合并欧洲空间研究组织和欧洲运载火箭开发组织，在此基础上成立欧洲空间局，主要任务是协调各国的空间活动，并逐步将其整合到统一的欧洲空间计划中。

（2）当时名为 L3-S 但后来更名为"阿里亚娜"的法国火箭设计取代了欧洲运载火箭开发组织的"欧罗巴"，成为未来欧洲的运载火箭。

（3）欧洲将通过研发空间实验室与美国国家航空航天局开展合作，以研发自己的空间运输系统，即航天飞机。

（4）作为应用计划的一部分，开发海事导航卫星。

回过头来看，1972 年可视为欧洲空间计划非常成功的一年。这一年，1 月发射了高偏心轨道卫星 2 号（HEOS-2），3 月发射了TD - 1卫星，11 月发射了 ESRO-4 卫星。得益于时任理事会主席的比利时部长查尔斯·阿南的努力，1973 年 7 月召开的第二次会议也大获成功，此次会议就"第二个一揽子计划"全面达成一致。数周之后，成员国于 9 月 24 日在华盛顿签署了空间实验室协议。在接下来的几个月内，其他协议也正式达成，尤其是关于"阿里亚娜"的协议。第三次会议于 1975 年 4 月 15 日在布鲁塞尔召开，该次会议批准了"协定"的所有条款，10 个成员国①于 5 月在"协定"上签字。

10 年后，欧洲终于建成了数年来一直苦苦追寻的协调及整合公用空间计划和国家空间计划所需的框架。罗伊·吉布森是新成立的欧洲空间局的首任局长。但新"协定"的批准过程非常缓慢，直到 1980 年 10 月 30 日，所有成员国才获得各自议会的支持，成功签署该"协定"。

以上概况表明，首个多国空间组织前期的发展遭遇了诸多不顺。欧洲空间研究组织是一个纯粹的科学组织，其"协定"中并没有有关参加应用计划的内容。欧洲运载火箭开发组织的失败，以及当时需求的应用计划的规模和目标都远远超出资金有限的欧洲空间研究组织的能力范围，这些都促使成员国重新定义并扩大了欧洲空间研究组织的领域。欧洲空间研究组织迫于压力，不得不向欧洲空间局转型，经过数年的讨论、学习和组织调整，最终成功转型，这一成功可通过迄今为止发射和使用的科学和应用卫星（表 2 和表 3）的数量来衡量。欧洲空间研究组织和欧洲空间局的另一成功之处在于培育了欧洲精神，增强了科学家和成员国之间的凝聚力，使其愿意将资源集中在一起，为了一个共同的科学和技术目标而携手努力。

表 2　截至 1993 年欧洲空间研究组织和欧洲空间局发射的科学卫星

卫星	任务	发射日期	任务终止日期	运载火箭
ESRO-2B	宇宙射线和太阳 X 射线	1968 年 5 月 17 日	1971 年 5 月 9 日	侦察兵
ESRO-1A	极区电离层和极光现象	1968 年 10 月 3 日	1970 年 6 月 26 日	侦察兵
HEOS-1	太阳风和行星际介质	1968 年 12 月 5 日	1975 年 10 月 25 日	德尔塔

---

① 这 10 个国家是比利时、丹麦、法国、德国、意大利、荷兰、西班牙、瑞典、瑞士和英国。爱尔兰和挪威是准成员国，两国于 1987 年和奥地利一起成为正式成员国。另外，1987 年 1 月，芬兰成为准成员国，预订于 1995 年成为正式成员国（校者注：由于英文版原书于 1994 年出版，故此处为"预计"。芬兰已于 1995 年正式成为欧洲空间局成员国）。1981 年加拿大签署合作协议。因此，当前欧洲空间局有 13 个成员国，另有两个非成员国参加活动。

续表

卫星	任务	发射日期	任务终止日期	运载火箭
ESRO-1B	极区电离层和极光现象	1969 年 10 月 1 日	1969 年 11 月 23 日	侦察兵
HEOS-2	太阳电离层和行星际介质	1972 年 1 月 31 日	1974 年 8 月 2 日	德尔塔
TD-1	紫外线天文学	1972 年 3 月 12 日	1974 年 5 月 4 日	德尔塔
ESRO-4	电离层和太阳粒子	1972 年 11 月 22 日	1974 年 4 月 15 日	侦察兵
COS-B	伽马射线天文学	1975 年 8 月 9 日	1982 年 4 月 25 日	德尔塔
GEOS-1	地球磁层	1977 年 4 月 20 日	1978 年 6 月 23 日	德尔塔
ISEE-2*	地球磁层以及日地关系	1977 年 10 月 22 日	1987 年 9 月 26 日	德尔塔
IUE*	紫外线天文学	1978 年 1 月 26 日	?	德尔塔
GEOS-2	地球磁层	1978 年 7 月 14 日	1985 年 8 月 25 日	德尔塔
Exosat	宇宙 X 射线	1983 年 5 月 26 日	1986 年 4 月 9 日	德尔塔
Giotto	1986 年 3 月 13 日飞越哈雷彗星，1992 年 7 月 10 日飞越 Grigg-Skellerup 彗星	1985 年 7 月 2 日	?	阿里亚娜
Hipparco	恒星的天体测量、位置及运动	1989 年 8 月 8 日	1993 年 8 月 15 日	阿里亚娜
HST*	光学和紫外线观测	1990 年 4 月 24 日	?	航天飞机
Ulysses*	日球层环境研究	1990 年 10 月 6 日	?	航天飞机

＊ 欧洲空间局和美国国家航空航天局合作的项目

注：欲了解上述任务的详细信息，请参照附录一"欧洲空间研究组织和欧洲空间局航天器"

表3　截至1993年欧洲空间局发射的应用卫星

卫星	发射日期	任务	运载火箭
Meteosat 1	1977 年 11 月 23 日	气象	德尔塔
OTS-2	1978 年 5 月 11 日	通信	德尔塔
Meteosat 2	1981 年 6 月 19 日	气象	阿里亚娜
Marecs-A	1981 年 12 月 20 日	海事通信（太平洋）	阿里亚娜
ECS-1	1983 年 6 月 16 日	通信	阿里亚娜
ECS-2	1984 年 8 月 4 日	通信	阿里亚娜
Marecs B-2	1984 年 11 月 10 日	海事通信（大西洋）	阿里亚娜
ECS-4	1987 年 9 月 15 日	通信	阿里亚娜
Meteosat 3	1988 年 6 月 15 日	气象	阿里亚娜
ECS-5	1988 年 7 月 21 日	通信	阿里亚娜
Meteosat 4	1989 年 3 月 7 日	气象	阿里亚娜
Olympus-1	1989 年 7 月 12 日	通信	阿里亚娜
Meteosat 5	1991 年 3 月 2 日	气象	阿里亚娜
ERS-1	1991 年 7 月 17 日	全球海洋/冰，区域陆地观测	阿里亚娜
Meteosat 6	1993 年 11 月 19 日	气象	阿里亚娜

欧洲空间研究组织在 1968～1972 年凭借一己之力发射了 7 颗中型卫

星，并对更多的卫星任务作出了定义，为欧洲空间局今天的成功奠定了基础。但是，欧洲空间研究组织却被迫放弃了最初的目标。由于其设计在当时不现实，加上欧洲空间研究组织缺乏管理和预算经验，大型天文卫星和彗星任务这两个大型项目不得不终止。因为其预算比美国同行小一个数量级，所以欧洲空间研究组织和后来的欧洲空间局自一开始就放弃了行星探测竞争，这显然是其经济能力所无法承受的。1985年发射的"乔托"任务规模适中，是欧洲第一次，也是非常成功的一次自主的深空探测。

虽然有强烈的独立意愿，但因为缺乏经验，可供欧洲空间研究组织选择的余地并不大，其卫星发射完全依赖美国。由于成员国想要从空间计划的技术进步中最大限度地获益，它们有意逐渐扩大任务规模。这一意愿和独立自主的想法是成员国持续支持欧洲空间局的重要原因。来自政府的支持是欧洲空间合作项目多年来得以持续和不断取得成功的重要因素。在这一方面，欧洲空间会议和理事会部长级会议的作用不可低估，它们帮助重新确定整体政策和欧洲空间局的未来方向。事实证明，这是欧洲空间局成功运行的关键所在。

第二章

指导原则

　　像欧洲空间局这样的组织必须在明确的规则指导下才能运行。"协定"确定了欧洲的空间政策和欧洲空间局及其项目管理的法律框架。在这一框架下，执行委员会有较大的主动权，成员国也可通过理事会和各种委员会掌握主动权。在欧洲精神的培养和欧洲空间项目的整合过程中，科学政策和工业政策发挥着非常重要的作用。成员国控制着这一政策的实施，因此成员国和欧洲空间局之间的关系非常微妙。欧洲空间局可能是最开放的空间组织之一，在这一组织中，用户和成员国可跟踪了解最新情况，如果其愿意，还可以进一步了解详细信息，以确保其意愿得到了实施、项目管理适当、缴纳的资金使用得当。

　　欧洲空间局的基本法则非常清楚，即所有的成员国必须参加强制性活动，并且缴纳固定的共同费用（"协定"第一条）。权力由理事会和局长行使：理事会是最高立法机构，由来自各成员国的代表组成；局长是执行官，由2/3以上的代表提名——尽管通常程序是一致选举通过或由理事会拥立。按照国际组织惯例，欧洲空间局享有豁免权和特权。根据规定，理事会召开代表级会议或部长级会议。欧洲空间局理事会于1975年中期开始履职。

　　"协定"第二条规定了欧洲空间局的任务："欧洲空间局纯粹出于和平目的，旨在促进欧洲国家在空间研究和技术及空间应用方面的合作，这些合作或出于科学目的，或为了运行空间应用系统。"因此，空间研究和技术及空间应用系统是欧洲空间局的两大重点。前者是前欧洲空间研究组织的任务，而后者则是欧洲空间局独有的任务。

　　"协定"第五条明确了欧洲空间局的活动和计划，将科学和技术研究确定为欧洲空间局的强制性活动，所有成员国均须参与，而空间应用活动属于选择性活动，原则上所有成员国均应参与，但正式声明对这类活动不感兴趣的成员国除外。

一、强制性科学计划

科学计划是欧洲空间局强制性活动的核心，强制性活动包括技术研究和一般行政管理。科学计划也是欧洲空间研究组织组建的初衷。为了凸显科学计划委员会的特权地位，欧洲空间局协定明确规定，科学计划委员会是理事会下辖的唯一计划委员会，理事会应将所有强制性科学计划交由该委员会管理。

欧洲空间局管理科学计划的一个特点（也是欧洲空间局区别于诸如美国国家航空航天局等空间机构之处）就是，科学计划委员会遴选的欧洲空间局航天器上的载荷由成员国自行出资，而不是使用欧洲空间局的科学预算，因为欧洲空间局的科学预算只能用于公用设施，这是多年来欧洲空间研究组织和欧洲空间局的政策。这项政策一直以来鼓励了科学团体的更多参与和主动性，而不是把经费当做是理所应得的。在数据方面，欧洲空间局有义务确保所有的科学结果在负责载荷的科学家优先使用后再对外公布。

（一）科学计划委员会

科学计划委员会由具有显著科研能力的成员国代表组成。一般情况下，各国派两名代表参加科学计划委员会，其中一名应为科学家。这一方法多年来一直非常有效，根据所处理问题的性质，两名代表分工负责科学事宜和政治、管理事宜。不过，有时也会有滑稽的场面出现。例如，有一次，意大利代表团分管政治事宜的代表对正在讨论的事宜举手表示同意，而其同胞朱塞佩·奥基亚利尼却将他举起的手拉了下来。

科学计划委员会全权负责处理科学事宜：初步研究审批、经费划拨、监督公用设施及任务运行阶段的进展等。但是，项目的资金额度由理事会确定，理事会有权决定跨年预算的金额或是否采用年度预算。事实上，理事会非常配合科学家的活动，即使面临困难时也是如此，并经常会在科学计划委员会面临财政困境时提出"创造性的预算"方法。这之所以可能，是因为预算程序是公开的，无论是科学计划委员会还是执行委员会都认为这对获得最高权力机构（理事会）的批准是非常重要的。科学计划委员会采用的程序在这类机构中是非常典型的，但有两点需要特别说明，因为这关系到欧洲空间局的科学计划。

第一点是科学计划的决策程序。"协定"规定，获得 2/3 以上代表同意方可改变有关项目的决策。但这一规定仅适用于科学计划，而不适用于选择性计划。这一规定旨在增加项目的确定性，避免无缘由的变更，以免造成时间延误和成本增加。但这也增加了项目批准前参与研究的科学和工业团队的压力：其必须确保设计明确、界面干净、进度安排科学可信、成本概算精确。迄今为止，结果令人欣慰，一般情况下，科学项目成本的增加不会超过阶段 B 后期批准的预算的 25%，对于高技术领域而言，这是一个了不起的成就（表4）。但也有例外，如哈勃空间望远镜（Hubble Space Telescope，HST），因为美国国家航空航天局更换了界面，加上发射的延迟，欧洲空间局的最终成本约为初始概算的两倍；再如，遭遇技术和科学难题的红外空间天文台（Infrared Space Observatory，ISO）。有时由于完全无法预见的情况，对项目进行大幅改变也在所难免，这是参加研发的团队所无法控制的，如发射 Exosat（欧洲空间局首颗 X 射线天文卫星）和"乔托"所用运载火箭的变更，但这类改变必须有正当理由并被详细记录，以便获得成员国代表中 2/3 人数的支持，达到被理事会批准的要求。

表 4　三个科学参考项目的成本变化　　　　　　　（单位：百万会计单位）

项目	批准年份	发射年份		资金到位年份	成本				
		预计	实际		阶段 A	阶段 B	阶段 A~B增长的百分比	完成时	阶段 B 到实施阶段完成时增长的百分比
Ulysses[a]	1977	1983	1990	1979	未知[b]	103.2	未知	118.6	15[c]
Giotto	1980	1985	1985	1981	108.1	129.7[d]	20	141.8	9
Hipparcos	1980	1987	1989	1982	193.5	243.8[e]	26[f]	296.0[g]	21

　　a. 欧洲空间局-美国国家航空航天局合作任务
　　b. 1981 年美国国家航空航天局退出了卫星研制，在阶段 A 之后对任务进行了重新定义
　　c. "挑战者"号事故后，发射延迟了四年半
　　d. 在得不到进一步的卫星设计的情况下，阶段 A 终止。相对于阶段 A，载荷增加了，改进的彗星模型更有利于技术指标的限定
　　e. 因为重大技术问题，阶段 B 出现延期
　　f. 通常情况下由科学研究机构负责出资的载荷，在阶段 B 改由欧洲空间局负责
　　g. 由于"阿里亚娜"运载火箭发生故障，发射延迟，运行该卫星需要更多的资金。由于其远地点发动机故障，卫星轨道并非预定的轨道

　　第二点是欧洲空间局科学计划和各国计划之间的关系。"协定"规定（第二条）应对欧洲空间局科学计划和各国计划进行协调，并将成员国的计划尽可能地整合到欧洲计划中。这一职责由科学计划委员会负责，通过委员会的成员国代表具体实施。

　　事实上，有效的协调并非强制，而是逐步自然形成的。另外，欧洲计划并不仅仅是随意批准的项目的集合，如果要协调的话，项目必须要预先计划并对外公布。因此，仅仅在长期空间科学规划"地平线 2000"制订后，以及定期召开旨在听取成员国国家计划陈述的科学计划委员会特别会议的情况下，协调才有效。这类会议称之为卡普里（Capri）会议，因为会议经常在提比略岛（Tiberius Island）召开，而科学计划委员会的意大利代表萨维里奥·瓦伦特博士曾数度当选这个可以俯瞰那不勒斯海湾的美丽城市的市长。

（二）筹措资金

　　科学计划的预算来自成员国的强制性缴费，各成员国缴纳的数额与各国的国民生产总值成正比。"强制"和"基于国民生产总值的缴费数额"是科学计划管理的两个关键词。

事实上，鉴于科学计划在欧洲空间局活动中占有重要地位（有人称之为欧洲空间局的"支柱"或"大脑"），且是技术创新的源泉，所有成员国都必须参加。科学计划是欧洲空间局同时也是整个欧洲的唯一一个要求所有成员国任何时候都必须参加的计划。此外，因为这是一个科学计划，在做相关的决策时要考虑的第一要素就是科学，然后才是对政治和工业方面的考虑。因此，和选择性计划不同，缴费是强制的，而缴费的数额根据各国整体经济状况，而不是各成员国决定的优先项目来决定。上述两项规定使科学计划在很大程度上得以免受各国的无理干涉，因为各国无法利用其缴纳的资金或成员国身份谋取一己私利。上述两点的重要性再怎么强调都不为过。但选择性计划中没有类似的规定，因为这类计划中成员国的参与是自愿的，而各国所缴费用的多少根据各国在计划中所得利益的多少来确定。

从程序的角度来讲，科学计划的资金是以每五年确定一次预算的形式进行的，预算必须得到理事会的一致批准，并且三年审查一次。年度预算必须与总体资金情况保持一致，每年由理事会审批，需得到 2/3 的代表同意。

上述两点是多年来欧洲空间局坚守的基本底线，但其结果却喜忧参半。喜的是，项目及载荷的选择主要是基于其科学性，而非大多数成员国的倾向性。另外，五年预算的制度保证了资金来源，也有利于制定远景规划。事实上，这种稳定性在全球的空间科学计划中是非常少见的。忧的是，资金缺乏灵活性。因为资金缴纳是强制性的，并且数额是基于国民生产总值计算出来的，所以资金的任何变化——无论是升还是降，都非常困难，除非得到所有成员国的一致同意。因此，尽管资金可以保

证，但很难增加。虽然很难，但是如果理由确实非常充分的话，也并非不可能。欧洲空间局的首个长期空间科学计划"地平线2000"就是这样一个例子。

二、选择性计划

如上所述，强制性活动的严格要求使得欧洲空间研究组织无法将大型应用计划列为强制性计划，而这些大型应用计划往往都是国家政治和经济的重点。在科学计划中，尽管也考虑到潜在的技术副产品，然而科学本身才是最重要的推动力。科学性（而非经济利益或国家声誉）是最重要的参数，但不容否认的是，经济利益和国家声誉在应用领域的地位更为重要，因此必须要承认，各国应该拥有根据自身的经济和工业状况选择其财政参与度的权力。所以，欧洲空间局协定中引入了"选择权"概念，并且在1971年和1973年的两个"一揽子计划"中加入了选择性计划内容，成员国可选择参与或不参与，并且没有缴费比例的限制。选择性计划包括远程通信、气象、导航卫星、空间实验室及"阿里亚娜"运载火箭。

"协定"促进和鼓励成员国参与选择性计划，除成员国明确声明不愿参与外，所有成员国自动成为选择性计划参与国。另外，"协定"规定，任何单一国家的提议都不得成为欧洲空间局计划；欧洲空间局仅接受符合其基本规定和目标的计划。因此，任何选择性计划要想在欧洲空间局框架下实施必须获得多数成员国的支持。

在成员国对选择性计划的资金支持方面，"协定"鼓励参与国根据国民生产总值确定缴纳的资金数额，但也允许参与国不按这一比例缴纳。"协定"还规定，任何参与国不得从计划中撤资，除非总成本超过初始概算的 20％。在 1992 年 11 月召开的格拉纳达理事会部长级会议后，这一规定已经提交理事会讨论。

"协定"的所有条款都鼓励计划按照欧洲空间局现行的总则、规章和程序实施，但理事会另有规定的除外。"协定"要求应尽可能地在管理中对强制性计划和选择性计划使用统一的标准，最大限度地保持不同计划间的一致性，防止分裂的产生，因为这样不但对欧洲空间局有害，同时也会影响欧洲空间项目的凝聚力。

目前，选择性计划所占比例超过欧洲空间局计划的 80％，这表明修改欧洲空间研究组织协定、为选择性计划让路是非常必要的。图 5 描述了欧洲空间局选择性计划理想的流程，说明这一过程需要大量的协调和规划。

选择性计划不一定非得是应用卫星、运载火箭或基础设施建设，也可以是科学卫星，尽管这一可能性并不被成员国看好，因为这与科学计划的基本原则相违背，但是在某些情况下，"选择权"有助于获得额外的资源，而无需改变成员国一致批准的基本资金水平，并且有助于实施更多活动，而不会对重点计划造成危害。在轨探测器在有经费预算的寿命期满后的延期运行就是一个典型的例子。COS－B 和 GEOS 都曾延期运行，国际紫外线探测器也曾多次申请延期，但都被成员国否决了。另一个例子是赋予已经完成主任务的探测器新的任务。例如，一个选择性计划提议，用"乔托"在 1992 年 7 月 10 日拦截另一颗彗星 Grigg-Skjellerup，尽管"乔托"在与哈雷彗星相撞时部分部件已经损毁。这一提议和关于国际紫外线探测器的提议都被科学计划委员会拒绝了，倒不是从制度上无法接受，而是因为强制性计划仅限于自己的项目，只需项目本身取得成功就足够了。

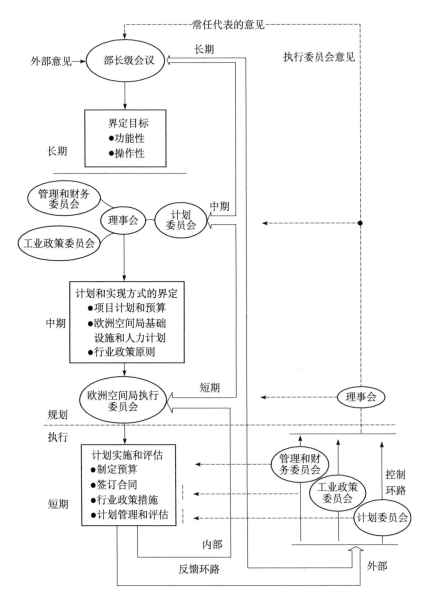

图5 欧洲空间局选择性计划的规划和实施流程

三、科学政策和长期目标

欧洲空间局的科学目标旨在为欧洲科学界提供最佳科学任务，其独一无二和卓越的科学目标即是明证。欧洲空间研究组织及后来的欧洲空间局的基本原则是，欧洲空间局服务于科学家，其科学政策应由科学界来推动，而不是相反的状况。这一原则对于科学界和欧洲空间局的关系来讲意义重大。在欧洲空间局的历史上，科学政策历来都是由科学家制定的，这些科学政策反映了科学家的抱负。尽管并非每个科学家都能从欧洲空间局的科学计划中找到自己青睐的项目，但欧洲科学家普遍认为，这些计划大体上为他们提供了很好的服务，并且也服务于欧洲的空间科学及更广泛意义上的科学。

这种以科学为中心的另一原则是成员国应为载荷提供资金，而欧洲空间局应负责提供公共服务，通常包括卫星平台、运载火箭和运行服务。这避免了由于成员国贡献资金的多少而影响载荷遴选出现某种倾向性的危险。

上述基本原则意义重大。这样一来，科学界和欧洲空间局之间就建立了重要的共谋关系，这是欧洲空间局项目和政策成功的根本原因。与欧洲空间局共事的科学家全力以赴，虽然没有任何酬金或个人收益方面的保证，但他们都在为把欧洲的计划做到最好而努力。各个小组携手合作，以求科研工作取得丰硕成果，并且说服他们的国家为他们提供资金支持，以提高科学质量，增强合作项目的国际意义。在规划阶段，他们作出了最大努力，最具代表性的成就是"地平线2000"长期规划的制订。科学家决心捍卫他们心中的公共欧洲计划，根据计划需要强行通过和修改政治决定，做到这一点实属不易。

欧洲空间局与科学界之所以能够建立亲密关系，主要得益于顾问机构，在顾问机构中供职的科学家代表着该领域的最高水平。在这些机构

中，科学家的任期是有限的，定期更换，目的是确保科学界和欧洲空间局执行委员会之间最大限度的融合。最初，这类顾问机构仅在空间科学中才有，后来欧洲空间局与科学相关的所有领域均设立了顾问委员会或顾问小组，但这类顾问团体的数量、构成和运作程序等都随时间推移发生着改变。目前，空间科学领域的顾问团体包括空间科学咨询委员会（Space Science Advisory Committee，SSAC），以及两个与之相关的工作组，即天文学工作组和太阳系工作组，工作组就所有科学问题向局长和各个科学计划的主任提出建议。1993年成立了一个基础物理和广义相对论特别工作组，旨在就等效性原理检验卫星（Satellite Test of Equivalence Principle，STEP）的遴选向欧洲空间局提出建议。

（一）空间科学咨询委员会

空间科学咨询委员会的科学家数量不多，通常为7～9名高级科学家。"7"这个数字与托马斯·爱德华·劳伦斯的《智慧七柱》没什么关系，主要是出于微妙的政治原因。但事实上，四个大国在空间科学咨询委员会中应占有一席之地是公认的原则。小国的科学家当然也应包括在内，但总数要尽可能地少，以免委员会的成员数量与成员国的数量一样多。空间科学咨询委员会成员由局长在听取空间科学咨询委员会与科学计划委员会的意见后提名，每届任期三年。顾问委员会的两名成员提名为天文学和太阳系工作组的主席。空间科学咨询委员会的主席每届任期三年，不管之前是否曾在空间科学咨询委员会任职。空间科学咨询委员会主席有权参加科学计划委员会的会议，报告两个工作组的工作，并提出顾问委员会的建议。为了增加沟通交流，科学计划委员会的主席也会参加空间科学咨询委员会的会议。

科学计划委员会、空间科学咨询委员会和执行委员会之间的密切关系是20世纪70年代科学计划委员会与时任局长的罗伊·吉布森激烈争论后相互妥协的结果。当时，科学计划委员会希望直接听取科学家的建议，而不是经过局长过滤的建议，因此提出要建立自己的专家委员会。考虑到两个科学团体一个为局长提供建议（空间科学咨询委员会），一个为代表提供建议（专家委员会），很可能会发生冲突，执行委员会并不支持科学计划委员会的想法。但事实上，这两个顾问团体发生冲突的可能性严重存在：空间科学咨询委员会的成员都是由于其出众的科研能力而被遴选出来的，他们负责制定符合但不服务于成员国利益的欧洲政策；拟成立的专家委员会的成员由成员国代表团提名，因此更倾向于维护本国的利益。

吉布森明确表示，因为科学计划强制性和无国界的特点，由行业内最优秀的科学家提供建议是非常重要的，同时他也同意在提名空间科学咨询委员会人选前事先通知科学计划委员会，并允许代表团评议和表达观点。此外，空间科学咨询委员会将在报告局长的同时直接向科学计划委员会就其建议和分析作出说明。科学计划委员会让步了。空间科学咨询委员会提出的建议确实也在报告局长的同时平行抄送科学计划委员会。如果局长不接受空间科学咨询委员会的建议，执行委员会将会通知科学计划委员会，说明原因，并就局长的政策实质进行解释。

（二）工作组

工作组的成员为科学家，通常不超过 15 位，他们来自天文学和太阳系探索的不同领域，旨在就其各自的领域提出专家建议，任期三年。成员的遴选方法非常特别且成效显著。一般情况下，每年更换 1/3 的小组成员，新任成员中的 50％ 直接由小组成员提名，执行委员会无权干预，另外 50％ 的空缺由工作组提供一个海选名单，执行委员会可将其作为参考，但并非一定要从这份名单中选择人员填补空缺。

50％ 的比例规定是 20 世纪 70 年代开始实施的，有人认为这是执行

委员会对自由招募小组成员的干涉。由于无法接受这一做法，部分小组成员甚至辞职了。事实上，执行委员会的用意是防止部分成员国的以下行为：通过逐步任命科研能力较差的研究机构或本国的科学家参加工作组以达到垄断目的。

如空间科学咨询委员会那样，工作组成员数量也不反映成员国的相对权重，但是也追求相对均势，这是工作组主席的职责。因为工作组和空间科学咨询委员会在制订规划和欧洲空间局决策中扮演的重要角色，部分国家试图通过该国的科学家发挥决定性影响，但这些图谋通常会落空，因为科学家非常珍惜科学的独立性，并且也非常看重自己建议中体现的欧洲精神。

工作组向空间科学咨询委员会提出建议，空间科学咨询委员会的主席也参加工作组的会议。工作组的主席也是空间科学咨询委员会的成员，这有利于促进沟通交流。工作组的操作程序和空间科学咨询委员会的相同：先就建议进行讨论，而后寻求一致意见。工作组较空间科学咨询委员会更难达成一致意见，这时就需要投票决定，考虑到缺席者对讨论过程中的不同意见一无所知，因此不接受代理投票。

空间科学咨询委员会和工作组还有一个共同的规定，即它们的科学家不拿薪水，只是开支实报实销。这种精神品质非常伟大，事实上，空间科学咨询委员会和工作组从来都不缺乏候选人。

（三）临时顾问团体

除了上述常设顾问团体外，执行委员会也可设立临时委员会或特别工作组，就某一具体事宜提出建议，这类组织在工作完成后就会撤销。这类组织均由独立的科学家组成，招募其加入顾问团体是因为他们的专业知识和经验，不考虑国籍问题。

这些顾问团体的工作通常仅涉及某一项目的某些方面，或者更一般的问题。例如，为某一新批准项目的载荷遴选而成立的顾问小组即为典型的第一类团体。载荷要通过遴选，欧洲空间局先发出征集建议的通知，并在提交的建议书中进行遴选。这类顾问团体中还包括就多用户天文卫星项目的规划提出建议的顾问小组。这些小组的成员中包括这一领域中的杰出科学家，而且这些科学家应尽可能地没有利益冲突，尽管后面这一标准有时难以满足。通常，还会邀请欧洲以外的科学家加入这类顾问小组。执行委员会仅提供技术支持，项目的取舍完全由科学家自主决定。顾问小组的建议不一定与国家代表团的利益或观点一致，因为后者需要为选定的载荷提供资金，必须要考虑预算方面的限制。有时双方的交涉会非常困难，但多数情况下，国家代表团在面对以科学为基础的决策时都非常配合。这一复杂开放的程序使载荷的遴选大体上符合科学界的一致意见。

旨在解决一般性问题的委员会却与此大相径庭。这类委员会包括将在第四章中详述的相互关系委员会，以及 1985 年在时任局长赖马尔·吕斯特的倡导下成立的空间科学、微重力和地球科学政策协调委员会，该委员会的主席为法国人勒内·佩拉。该委员会于 1985 年和 1986 年召开会议，委员们在会上建议，作为欧洲空间局选择性计划中的微重力和地球科学任务也采用与科学计划类似的程序，在任务和载荷的遴选及长期目标的制订方面尤其如此。

另一个一般问题特别委员会是所谓的调查委员会，"地平线 2000"就出自该委员会之手，欧洲科学界也为该规划的编制进行了典型的跨国合作。因为该委员会对欧洲空间科学影响较大，本章将会详细描述该委员会的工作。

四、"地平线 2000"

在此之前，欧洲空间研究组织和欧洲空间局从未批准过类似"地平

线 2000"的长期规划和相应的预算。很多人从不同层面分析认为，由于科学计划的年度预算是固定的，编制长期规划没有意义，除非每年增加整体预算数额，否则无法编制长期预算。所以，在 20 世纪 70 年代至 80 年代中期的 15 年，科学项目都受益于，或者从某种程度上说是受困于稳定的、严格的、没有减少也没有增加的预算。在预算的严格限制下，就不得不应付新出现的科学研究领域。

当然，欧洲空间研究组织和欧洲空间局也曾试图增加预算，但这样的努力从未成功，因为理由不足以令人信服，它们所提出的理由往往是与其他机构或其他科学分支相比资金不足。如果没有一个计划摆在面前来说明增加投资会带来什么益处，各国代表甚至不会为增加预算而达成一致作出任何努力。欧洲空间局面临的挑战是如何说明制订一个具有革命性计划的可能性，并且这一计划无论是对于欧洲还是对于整体空间力量而言都意义重大，该计划起初可以保持当前的预算水平，然后逐步增加，计划的时间框架约为 20 年。

本书的两位作者就曾为上述工作投入大量的时间和精力。罗格·M.博奈是后来新加入欧洲空间局的，他了解科学界的需要和要求。维托里·曼诺曾在旧体制下工作，了解其不足之处。埃里克·奎特戈德局长全力支持这一做法，而这也成了欧洲空间局未来长期规划准备工作的一部分。取得成功的最重要的前提条件是科学界参与了长期规划的分析、简化和最后制订工作，而该长期规划是一份最低限度的平衡计划，且切实可行。

显然，制订这样一份规划是那些常设顾问团体所无法胜任的。于是就成立了调查委员会，该委员会的核心是空间科学咨询委员会。时任空间科学咨询委员会主席的荷兰人约翰·布勒克尔兼任调查委员会的主席，以确保两个组织能够完全兼容。除空间科学咨询委员会的成员外，该委员会的成员还包括与欧洲空间局学科相关的国际组织的代表，如欧洲科学基金会、欧洲核子研究中心、欧洲南方天文台及国际天文学联合会。

在太阳系探索和天体物理两个领域成立了两个科学小组，小组成员来自所有相关的空间学科，并且小组与科学界经常联系。1983年10月，博奈首次就未来20年应实施的新任务致信科学界征求意见，结果共收集到了70多个概念，以及多个已经在考虑中的提议，这些建议共同构成了欧洲空间局未来工作的坚实基础。有趣的是，这些建议中，天体物理学与太阳系科学领域的建议数量可以说是平分秋色，准确反映了当时欧洲空间科学界的兴趣和均势。

两个小组承担起了对概念进行审查的艰巨任务，为每个感兴趣的领域筛选应列入未来长期规划的内容。这需要调查委员会主席及负责此任务的欧洲空间局行政人员进行大量的组织工作，尤其是天文学和太阳系工作组的秘书亨克·奥瑟夫和乔治·哈斯克尔，欧洲空间局空间科学部主任埃德加·佩奇，科学项目部主任莫里斯·德拉艾，以及未来计划研究办公室的办公室主任戈登·惠特科姆。在短短六个月的时间里召开了多次会议，进行了无数次磋商，两个小组的科学家进行了激烈的辩论。他们认为，自己是在为了整个科学界的利益工作，正在创造一个激动人心的崭新计划，正在为研究工作开创一个充满挑战的全新未来。

最后，1984年6月，调查委员会在威尼斯圣乔治马乔雷岛的圣乔治奥小岛举行了为期三天的会议，两个小组向调查委员会提交了详细的工作报告。会议是在一座古老的女修道院中举行的，在调查委员会潜心讨论如何对概念进行综合时，帕拉迪奥和隆盖纳回廊给了他们灵感，再没有比这里更适合举行这次会议的地方了。

调查委员会不仅要审查和讨论科学小组的工作，还要把它们的工作浓缩成一个整体计划。一方面计划的目标要足够远大，能满足科学家的

期望，并反映欧洲的科学传统；另一方面又要考虑到现实的资金和预算限制，以便成员国的政治和财政部门能够接受。在约翰·布勒克尔主席的领导下，与会人员进行了深入、激烈的讨论。事实上，尽管如此之多的科研机构的负责人齐聚一堂，却没有一个人打电话，这是非常罕见的，调查委员会所有成员的专注程度及讨论的激烈程度由此可见一斑。集思广益的结果是形成了欧洲空间局的首个长期空间科学规划"地平线2000"（图 6）。接下来的事情就交给各国的政治家和领导者了。埃里克·奎特戈德完全赞同该计划，并且在筹备 1985 年年初在罗马召开的理事会部长级会议期间始终大力支持该长期规划。

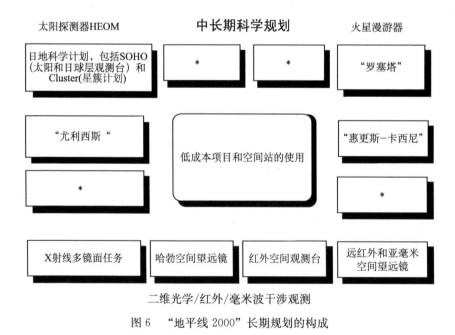

图 6 "地平线 2000"长期规划的构成

预计在 10 年①的时间里，项目预算需要每年增加 5％～7％，而预算

---

① 校者注：本书的英文原版出版于 1994 年。

的增加需要得到成员国的一致同意。出人意料的是，这不但没有削弱预算批准的可能性，反而由于项目的凝聚力受到公众的关注而增强了预算批准的概率。科学界开始游说各成员国当局完全接受该计划并提供资金支持。考虑到强制性计划预算的任何变动均需得到理事会的一致批准，经过多次讨论，计划最终得到了成员国的一致同意。

在 1985 年 1 月于罗马召开的理事会部长级会议上，成员国全体同意在未来五年内，扣除通货膨胀因素外，科学预算每年增长 5%。后来，在 1988 年 12 月的理事会上成员国又一致通过将预算增长再延长五年，尽管由于英国受预算的束缚，这一协议是在非常困难的情况下达成的。项目要具有连贯性、平衡性，以及需要理事会一致同意的规定，这三个条件使得不赞同该计划的成员国处于一个非黑即白的境地，然而最终还是科学界的凝聚力取得了成功。

需要强调指出的是，"地平线 2000"并不像过去欧洲和世界其他地方的文件那样仅代表了起草该计划的科学家的愿望，或仅仅是一份具有优先级的清单，"地平线 2000"是一份伟大的规划，得到了欧洲空间局所有 13 个成员国的一致同意，并且得到了系统化的执行，没有任何拖延。该计划成功地将欧洲空间局科学计划的预算从 1970 年以来就一成不变的状态在 10 年的时间内提高了 55%以上，并且是在几乎所有研究活动都受到资金不足困扰的情况下做到的。这是一次了不起的成功，这次的成功得益于科学界的支持，以及适度逐步增加预算这一现实主义的措施，这一措施实现了科学目标与成员国财政状况的成功结合。这类规划，无论是在欧洲还是世界其他地方，获得如此成功的情况可谓凤毛麟角。附录二简要描述了这一计划的基本内容。

也许有人会困惑，为什么在对地观测和微重力领域没有制订类似"地平线 2000"这样的长期规划。地球和环境科学得到了几乎所有欧洲国家的政治家和政府的大力支持。因此，不难想象，如果该领域有一个

相关规划，将会在一系列保护环境和研究全球气候变化关键任务的确定方面产生怎样的影响。欧洲可以成为地球和环境科学领域最重要的合作伙伴之一。

但是，在空间科学方面制订一份这样的规划则要困难得多。其中一个原因是，在欧洲空间局，对地观测属于选择性计划，比强制性计划更多地受到政治因素的影响。对地观测确实可以算是应用项目，但其中也有相当一部分仍属纯粹的科学项目，因此应按科学项目处理。成员国的科学家已经对在地球科学和微重力方面没有类似"地平线2000"这样的长期规划颇有微词。1992年在加拿大召开的理事会部长级会议上，与会人员已经认识到这一不足，并已要求欧洲空间局局长在1995年拿出对策，弥补这一缺陷。

五、没有秘密，没有太大的政策变化

根据"协定"规定，从原则上来讲，理事会负责制定整体空间政策和确定欧洲空间局的长期目标。但是历史告诉我们，这些大方向都是在理事会部长级会议上决定的，而中期目标、项目计划和预算仍由常规理事会的会议决定。计划的实施由执行委员会负责。理事会、负责科学计划的科学计划委员会、管理和财务委员会（Administrative and Finance Committee，AFC）、工业政策委员会（Industrial Policy Committee，IPC），以及各种选择性计划的计划委员会对执行委员会实施外部控制。这些委员会都是开放式的，但这也使欧洲空间局更易招致批评。

图7描述了1993年欧洲空间局的代表机构，这些机构由来自不同成员国的代表组成，另外，还有根据相关协议来自伙伴国或合作国的代表。这些代表做决策，或者向所有成员国政府或局长提出建议。

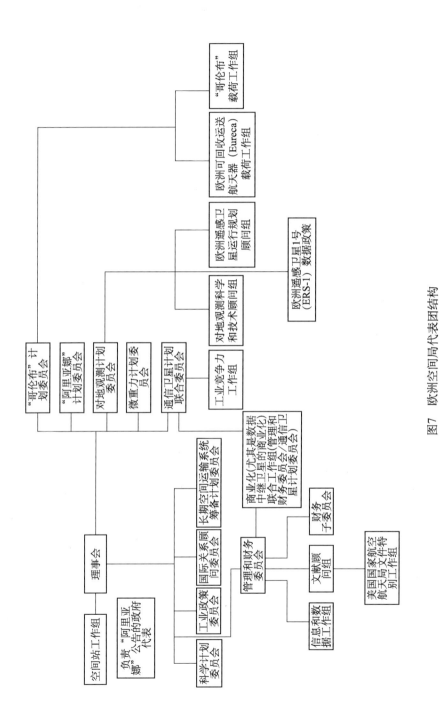

图7 欧洲空间局局代表团结构

一天，时任理事会法国代表的让·马里·吕东在与博奈的非正式会谈中提及选举新局长的事宜。当时，另一位非常有进取心的代表是大家心目中的理想人选。但吕东却对他最终能否当选表示怀疑，正如他所说的那样，"在欧洲空间局不可能搞出太大的政策变化"，并且在他看来，该代表显然不会接受这样的安排。事实上，该代表始终没有参选，另一位代表最终当选。吕东本人于1990年10月1日当选欧洲空间局局长。

欧洲空间局程序的开放性决定了不可能出现太大的政策变化。有关计划的决策在该计划开始实施之前很早就已公开。这是欧洲空间局选择项目的程序所导致的自然结果。但在这一点上，强制性计划和选择性计划又必须有所不同。

（一）强制性计划

在空间科学领域，长期计划和新任务的发起完全由科学界掌握。这种开放和广泛的咨询使得秘密不可能存在。从最初的建议征集、各种顾问团体对意见的审查、为执行委员会提供建议的科学小组在不同阶段的参与，到科学计划委员会的最终决策，都确保了信息最大限度的流动，这就使得出现大的变化即使不是不可能，也是非常困难的。欧洲空间局没有任何形式的保密规定要求不得在载荷遴选全部流程结束之前对外公布科学载荷的遴选情况。

但在某些阶段，还会有"意料之外"的情况发生。例如，空间科学咨询委员会可能不遵循工作组推荐的项目优先次序。这类事件在欧洲空间局的历史上至少已经发生了两次。首次是1978年的一个彗星任务（即后来的"乔托"）。当时空间科学咨询委员会没有听从太阳系工作组的意见，保留了该任务，而太阳系工作组看好的任务则是月球极轨探测器。第二次发生在1991年选择"地平线2000"规划中的第二个中型卫星任务阶段 A 的候选方案时。当时空间科学咨询委员会并不看好 IVS 项目，即工作在无线电波段的甚长基线干涉项目。相比之下，他们更青睐 PRISMA 项目，一个用于研究星震学的卫星项目。而在二者之中，天文学工作组更倾向于前者。在上述两起事件中，优先次序的变更都是有充分理由的。但是，因为当时的情况特殊，确实让行星学家和无线电天文学家感到震惊和失望。

1980 年 3 月，当科学计划委员会改变空间科学咨询委员会确定的优先次序，选定"依巴谷"①（Hipparco）天体测量项目而不是"乔托"时，确实也让人吃了一惊。"乔托"于数月后入选。这两个项目后来都获得了成功，这表明项目的选择是多么困难，以及二者的入选都是有正当理由的。

在执行过程中，执行委员会全程向科学计划委员会报告项目进展和遇到的问题。在阶段 B 批准后，每年至少对项目的技术和资金情况进行三次审查，如果预算超过总成本的 10％（选择性计划为 20％），科学计划委员会有权停止该项目，但这种情况极少，即使真的发生了，科学计划委员会也不会决定终止项目。

（二）选择性计划

选择性计划出现大变化的余地就更小了。欧洲空间局选择性计划的授权和控制由理事会负责，受计划董事会代表的监督。另外，管理和财务委员会负责确保项目所有活动与欧洲空间局管理程序的兼容，工业政策委员会负责行业政策的正确适用。在特殊情况下，还会成立专家组、

---

① "依巴谷"是欧洲空间局实施的首个空间天体测量项目，旨在以 1/2000 角秒的精度测量恒星的位置和距离。"依巴谷"于 1989 年使用"阿里亚娜-4"火箭发射升空。尽管远地点发动机未能将其送入预定位置，"依巴谷"还是成功完成了所有额定任务。该项目于 1993 年因范艾伦辐射带重粒子轰击造成航天器上的计算机停止工作而终止。

特别工作组和联合工作组。这一架构也许会让不熟悉程序的人迷惑不解，事实上，即使是熟悉程序的人有时也不太清楚每个委员会的具体权限分别是什么。

选择性计划可由执行委员会提供，也可由代表团自己提议。例如，"阿里亚娜"和"赫尔墨斯"项目就是法国代表团发起的，但这不足为奇，在法国向理事会建议应"阿里亚娜"项目应"欧洲化"之前很久，法国的意图就已是"司马昭之心，路人皆知"了。下一步是召集"潜在参与国"会议，与会的代表团都来自认真考虑要向这一未来项目投资的国家。会议对项目建议进行审查，每个代表团都主要关注项目能给他们的行业带来的回报，同时起草适用于新项目管理的法律文件。这类会议通常由执行委员会主持。原则上，对项目进行管理是执行委员会的职责，但目前有计划委员会越来越多地参与项目日常管理的趋势。

经过理事会、各种科学委员会和计划委员会的层层审查，项目如何能保密？事实上，仅有理事会的保密会议是严格保密的。"日常"会议的决议都是公开的。欧洲空间局的成员经常开玩笑说，如果你想了解欧洲空间局的情况，你应该问美国国家航空航天局驻巴黎的代表，他了解所有的情况，且比任何人都早，通常情况下也都是正确的。相对地，美国国家航空航天局的成员会说，欧洲空间局驻华盛顿的代表比美国国家航空航天局的成员更了解美国国家航空航天局。

说真的，一个类似欧洲空间局的国际组织必须是开放的，信息必须是公开的。这是一个由代表和所有用户严密控制的机构，它如何能藏得住秘密呢？欧洲空间局的成功证明，这一政策有益无害，尽管它可能使欧洲空间局更易遭受批评和更难管理，甚至有时会让部分有事业心的候选人对欧洲空间局局长这一职位望而却步。

六、有没有语言障碍

科学家和工程师之间的误解、翻译错误、习语翻译困难导致的法律问题，这些都可能会影响欧洲空间局这样的国际组织。因为其成员来自13个不同的国家，确实存在沟通上的困难，也造成最高管理层管理方面的问题。

根据传统和需要，科学家通常使用英语。对于他们而言，不存在语言障碍，但这并不意味着他们能够使用莎士比亚的语言来清楚地表达自己的意思。相反，尽管欧洲空间局的多数工程师和管理人员通常都使用英语来表达，并且有时表达得比科学家还要清楚，但是工程师和管理人员并不一定使用母语之外的语言。因为他们负责制造复杂的硬件，有些硬件还有多个复杂的接口；或是负责谈合同和谅解备忘录，这些都要求尽量减少模糊解释。

这样看来，欧洲空间局好像不存在语言障碍的问题。但是，与所有工作人员的母语都是同一种语言相比，欧洲空间局确实存在一些微妙的问题，使得日常工作会有些棘手。通常，这也会让生活变得更有趣。

欧洲空间局有三种官方语言：英语、法语和德语。"协定"本身用七种语言印刷。但在日常工作中，英语和法语是主要的工作语言。此处"官方"表示每个代表团都有权使用上述三种语言中的任意一种。这也意味着理事会和科学委员会或计划委员会的会议需要配备三种语言的翻译。执行委员会的文件必须使用上述三种语言印刷。习惯上，这类出版物分为三种不同的颜色：英语为蓝色，法语为白色，德语为绿色。在日常生活中，通常使用英语，或者说是某种形式的英语。事实上，2/3以上的工作文件都是由母语不是英语的工作人员起草的，这

使翻译办公室的工作变得比较困难，有时译后的英语文件对于英国人来说都晦涩难懂。

在 13 个成员国中，有 12 个成员国的人员在日常生活中不使用母语，所以在语言方面，几乎所有人都处于平等的地位，当然，英国人除外——不过，他们不得不听 85% 的工作人员讲某种"蹩脚英语"。这要求每个人在会议时集中精力听别人在讲什么，并且要待人宽容。英语的优势地位也是一个问题，因为有些欧洲空间局工作人员在使用这一语言时比别人面临更大困难。在招募新人时，如果工作需要，求职者懂英语是面试时求职成功的重要因素——尽管原则上，求职者可以选择使用英语或法语。毫无疑问，熟练掌握英语是加分因素。这种偏见也许能够解释为何长期以来欧洲空间局工作人员中英国人的比例最高，这种情况已经迫使管理层对国籍实施配额制。配额旨在反映成员国缴纳会费的比例（表 5）。

表 5　欧洲空间局雇员国籍分布（截至 1992 年年底）

国家	雇员数量	占总数的比例/%	缴纳的会费占总经费的比例/%
奥地利	28	1.4	1.1
比利时	99	4.8	5.1
丹麦	37	1.8	1.0
法国	445	21.6	30.6[a]
德国	402	19.5	24.4
爱尔兰	20	1.0	0.2
意大利	288	14.0	17.2
荷兰	240	11.7	2.6
挪威	20	1.0	0.8
西班牙	91	4.4	4.8
瑞典	56	2.7	2.5
瑞士	29	1.4	2.5
英国	271	13.2	6.3
其他国家	31	1.5	1.1
总计	2 057		

a. 法国缴纳的会费在总经费中的比例与雇员百分比之间存在巨大差异的原因在于"阿里亚娜"项目。该项目转包给了法国空间局，因此该项目中几乎没有欧洲空间局的工作人员

讲英语几乎已经成了一种义务，但对代表并无此要求。实际上，法国代表通常讲法语，英国代表和德国代表也通常讲各自的母语。其他国家的代表用上述三种语言之一表达。这有时确实会造成说不上微妙但有趣的状况。有一位代表讲科学问题用英语，讲政治或行政问题则用其他两种官方语言中的一种，科学计划委员会已经学会了就此区分其发言内容的不同。欧洲空间局的所有工作人员永远也不会忘记已故的著名西班牙代表圣阿兰惠斯将军。将军讲法语，但他的口音很奇怪，连法国代表团想听懂他的意思也很困难，以至于有一次法国代表团不得不求助于能够理解和翻译将军意思的英语翻译人员。将军多次被迫投反对票或弃权，但有一次投赞同票时他却表达得非常清楚和肯定，一点也没有含混不清，那场景至今仍让人记忆犹新。当时是就欧洲空间局-英国-美国国家航空航天局国际紫外线探测器联合任务的继续运行进行投票。国际紫外线探测器遥测站位于马德里附近维拉弗兰卡的欧洲空间局工作站内，它的存在对于西班牙来讲无疑是一笔财富。该遥测站不但清楚地表明西班牙参与了欧洲空间计划，而且还为西班牙学天文学的学生提供了培训机会。按照惯例，在投票时，时任科学计划委员会主席的克泽·德·贾格尔召开了一次圆桌会议，请每位代表就此事表态。在轮到西班牙代表发言时，将军出人意料地脸上堆满笑容，举起双手，用纯正的英语大声讲："同意！同意！"（Yes! Yes!）这确实是一次表达得非常清楚的投票。

这就是一个多语言组织日常会遇到的问题。但欧洲空间局遇到的问题却不多，因为85％的工作人员日常生活中讲"蹩脚英语"。事实上，对于不知情的人来讲，了解一个文件或一次对话的主旨最大的障碍是那些过度使用的缩略语。但并非仅仅欧洲空间局存在这方面的问题。

七、工业政策

科学政策服务于科学界，与政治利益无关；而工业政策服务于成员国的工业、技术利益，并且常常也服务于政治利益。区分两项政策的目标是欧洲空间局成功的重要因素。事实上，欧洲空间局没有制造自身项目所需设备的能力，这类合同通常转包给欧洲的工业界。欧洲空间局约90％的经费都用在外包上。

如果说欧洲空间研究组织创始人的初衷主要是科学，那么，当1962年6月欧洲空间研究组织协定签署时，出席全会的部长们则清楚地表示，空间活动应服务于欧洲工业潜力的开发。基于这一定位，他们通过了如下决议："会议建议，在考虑科学、技术、经济和地理因素的情况下，欧洲空间局应尽可能公平地在成员国之间采购设备和签订工业合同。"这一建议在欧洲空间研究组织理事会首次会议即被采纳，并成了欧洲空间研究组织工业政策的基础。欧洲空间局在对这一政策进行大幅发展和细化后仍继续实施该政策。

"协定"对这一政策的实质进行了阐述，基本思路如下：在实施欧洲空间局计划的过程中，不应发展欧洲空间局自身的制造能力，而应尽可能地利用欧洲的工业能力；企业的选择应基于自由竞标的基础；原则上，开发和采购应使用成员国的工业能力；在与成员国的企业签订合同时，应确保地域分布适当；应通过使用、组织和改革现有工业能力，促进欧洲航天工业的成长和平衡发展；应采取措施提高欧洲航天工业的全球竞争力；欧洲空间局开发的运载火箭原则上应用于支持欧洲计划。

上述政策仅适用于欧洲空间局为用户开发的公用设施系统，包括航天器、地面站、基础设施及在轨卫星的运行，但不包括由某一成员国出资、实验方负责的科学仪器的研发。

（一）定义

上述原则的正确实施需要精确的定义。例如，在与一家公司进行交易时，必须要明白该公司是否属于某一成员国；有一些情况是非常显而易见的。例如，公司的总部和制造设施位于欧洲空间局某一成员国；或是相反，即公司的总部和制造设施均不在欧洲空间局成员国中，也就是说，即使该公司在成员国有商业办公楼，也不能认为它就属于成员国。也有一些模棱两可的情况，需要慎重分析。例如，跨国公司的总部不在成员国，但却在成员国境内进行了大量活动，如研究和开发；或者公司的商务中心位于成员国，但该商务中心使用的技术、设备或支持均在非成员国开发或生产；或者某一跨国公司的商务中心位于某一成员国，但其技术支持设施位于另一成员国。上述任何一种情况都需要仔细分析。

（二）使用外部公司

由于技术或进度方面的原因，项目需要使用非成员国的公司也是常有的事①。但是，这类情况需要满足特殊的条件。例如，出于公平原因，只有在外部公司中标的可能性非常大时，才向其发出投标邀请。在研究和开发活动中，原则上不使用成员国以外的公司，除非所设想的技术在欧洲研发耗时过长。如果成员国的报价过高，或其预计的交货日期与项目进度不符，也可向外部公司发出投标邀请。

就科学项目（多为开发项目）而言，一般欧洲工业的竞争力比较强，但有些子系统除外，如美国的子系统利用了欧洲没有的技术或产品系列。

---

① 在空间领域，主要的全球市场竞争者是美国工业。但是，日本、中国和俄罗斯也对欧洲和美国工业形成了挑战，在运载火箭领域尤其如此。1992年，俄罗斯表示要以非常低廉的价格对外出售"质子"运载火箭发射服务。

总之，该规定大体上是说不要使用欧洲之外的公司，除非别无选择。

（三）公平返款原则

在适用于欧洲空间局工业政策的所有原则中，最重要的当数工业收益原则，亦称公平返款原则[①]。这一原则的实施通过工业收益系数来衡量，工业收益系数通过如下方式计算：欧洲空间局授予某一成员国工业的合同额占总合同额的百分比，除以该成员国提供的资金在欧洲空间局用于工业的经费中占的平均百分比。从性质上来讲，收益是工业收益，而非财政收益，因此，应根据各种活动的技术利益衡量。权重因数的范围为0~1，最高的多是飞行硬件，最低的一般是地面支持设备。例如，机械地面支持设备的权重因数为50％，而发射服务，尽管花费了项目成本相当大的一部分，权重因数仅为25％。非加权部分占所有工业合同的50％~80％。公平返款是一个整体概念，其中包含1972年以来成员国参与的欧洲空间局的所有活动，既包括强制性计划也包括选择性计划，按会计单位计。计算是按逐个计划进行，最后累积到所有计划中去。

空间计划是推动技术发展的有力手段。欧洲空间研究组织和欧洲空间局的空间开支自创建伊始已经增长了一个数量级，结果，空间计划在欧洲航空航天公司的业务中占的比重越来越大，而这些公司为了保持竞争优势，也投入了数量惊人的财力和人力。欧洲航空航天工业的雇员高达3.8万人，分布于近100个公司中。公司间的竞争越来越激烈。因此，成员国和执行委员会在工业政策的执行中都有巨大的利益，成员国坚持自己的市场份额也就不足为奇了。工业收益系数是衡量成员国参与程度

---

① 并不存在"科学返款"这一原则，即所谓根据每个成员国对强制性计划的贡献而确保该国科学家参与科学项目。科学家的参与是根据其项目建议书的质量通过公开竞争获得的，而不是根据固定配额获得的。

的简单且显而易见的方式。成员国希望将工业收益系数保持在最高水平，当然，如果可能最好在 100％ 以上，但显然，所有成员国要在同一时间都达到这一目标是不可能的。

公平返款原则自实施至今已经发生了巨大变化。在欧洲空间研究组织时代（1967 年），欧洲空间组织的主任需要确保所有成员国的返款比例至少为 70％，这一比例在欧洲空间局协定中有所提升。"协定"授权欧洲空间局局长采取超常举措提升成员国的返款比例，并且如果有成员国返款系数低于 80％，要向理事会报告，其目的是在一年内使返款不均的情况有所改观。1985 年在罗马召开的部长级会议要求欧洲空间局局长采取措施，确保所有成员国的累积返款系数在三年后，即 1987 年年底不得低于 95％。需采取特殊补救措施的返款系数限值也从 80％ 提升到 90％。1987 年在海牙召开的部长级会议再次对这一规则进行了调整，即维持 95％ 的最低累积返款系数不变，但要确保所有参与计划的成员国每一计划的返款系数不得低于 90％，并对 1972 年以来的累积赤字进行补偿。1991 年慕尼黑和 1992 年格拉纳达的部长级会议再次对这一问题进行了讨论，会议要求 90％ 的最低限值要在 1993 年前提高到 95％，再经过三年（1994～1996 年）提高到 96％。这一政策的目标是使每一成员国的返款系数尽可能地接近 100％。

正如我们所看到的那样，工业收益原则变得越来越精确，限制越来越多。这一变化显示，成员国和执行委员会对此越来越担心。欧洲空间局在如此之多的限制中对计划进行管理，并同时确保返款系数接近理想值，这确实是一件了不起的事情。

（四）实施

负责确保工业政策实施的委员会为工业政策委员会。工业政策委员会的代表讨论所有重要合同的政策执行情况，尤其是项目在企业进行到

阶段 B 或 C/D 时[①]（图 8）。如果代表不赞成执行委员会的建议，可以投票反对，只需多数代表同意，合同即可被批准。

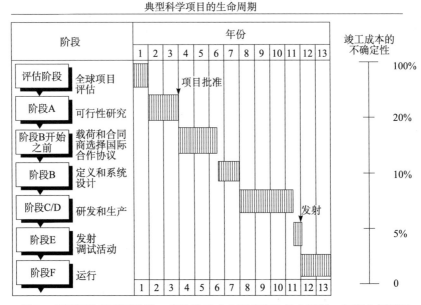

图 8 项目研发的不同阶段。有关竣工成本不确定性的上下限，如图右侧所示

新项目开始时，执行委员会确定每一成员国的返款目标，以便补偿现有或可能出现的赤字，抑或对顺差进行调整。主合同商[②]的选择一般在阶段 B 开始时进行（图 9），选定主合同商后即着手制订采购计划，采购计划原则上应满足对企业的地域要求，并应通过尽可能广泛的竞标实现一个可接受的竣工成本概算。要想确保既达到上述目标，又不超出成

---

① 空间任务的实施通常根据合同中的里程碑事件或合同约定划分为不同的阶段。欧洲空间局的科学任务通常包括五个阶段：评估阶段，在这一阶段中将多个科学目标转化为一系列性能要求；阶段 A，在工业参与的这一阶段中，性能要求将转化为一系列系统设计要求；阶段 B，在这一阶段中，系统设计要求将转化为具体的设计；阶段 C/D，系统的所有部分都将转化为硬件；阶段 E，自航天器进入轨道开始，包括对系统运行和使用的响应。

② 主合同商负责管理与项目开发相关的所有工业活动，协调成员国中的所有子合同商。主要工业合同通常授予主合同商，而主合同商往往来自大一些的成员国。

本，阶段 B 是至关重要的。

尽管在有些情况下是由欧洲空间局来组建工业团队和确保该团队遵守欧洲空间局确定的规则，但通常是由主合同商担当这一角色。在阶段 B，项目进展受到欧洲空间局和主合同商采购委员会联合小组的密切监视。在阶段 B 结束及向阶段 C/D 转换时，工业政策委员会可根据主合同商的工作完成情况对执行委员会的提议进行审查和投票表决。

阶段 B 结束时，确实有偏离理想目标的情况，但如果阶段 B 的工作完成比较好，换句话说，如果执行委员会一方面与主合同商进行了深入对话，另一方面又与工业政策委员会的代表进行了深入沟通，偏差就不会太大，工业政策委员会接受执行委员会的提议也不会有大的问题。如果项目延期，或遭遇技术瓶颈，实际返款系数会和初始的理想目标有差距。这通常会导致主合同商所在的国家（缴纳会费较多的成员国）出现顺差，而一些小国就会出现赤字。因为科学计划是强制性计划，只要欧洲空间局存在就会继续实施科学计划，所以当科学计划出现返款系数偏差时，原则上可在下一个科学计划中进行补救。相对而言，规模较大的项目，如"地平线 2000"中的日地科学计划（Solar Terrestrial Science Programme，STSP）、X 射线多镜面任务（X-ray Multi-Mirror Mission，XMM）、"罗塞塔"（Rosetta），以及远红外和亚毫米空间望远镜任务（Far IR and Submillimeter Telescope，FIRST），因为预算金额庞大，所以比较容易实现返款系数目标，而中小型任务则要困难一些。

上述程序复杂、微妙，实施起来并不容易，需要熟练的技巧。这一程序是如何发挥作用的，它在欧洲空间局的整体管理、在欧洲及欧洲的航空航天工业中究竟是否发挥了有益的作用，确实值得认真分析。

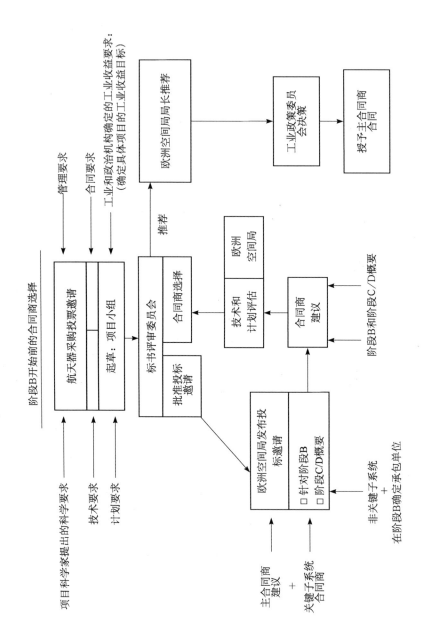

062

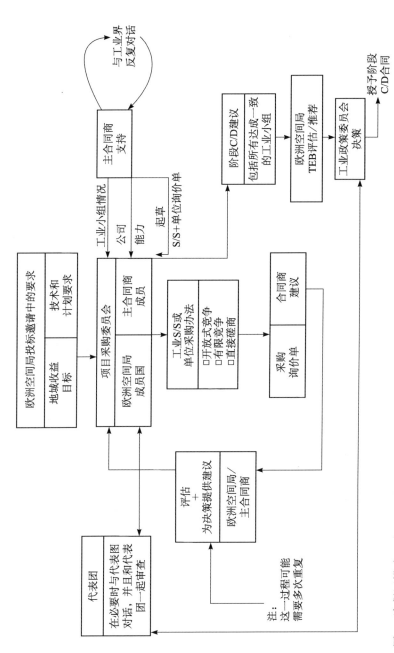

图9 流程图描述了欧洲空间局、代表团和工业界在科学项目阶段B之前及阶段B的互动。为了确保每一成员国都能获得公平返款，主合同商和子合同商在阶段B的一系列互动。子合同商的选择可通过开放式竞争、有限竞争或直接磋商完成。最后，由工业政策委员会授予阶段C/D的最终合同面。这一过程经历一个复杂的过程，需要涉及执行委员会（项目科学家和项目经理），代表团（尤其是工业政策委员会层

063

（五）结果

尽管非常复杂，但公平返款原则在促使成员国下定决心支持欧洲空间计划，以及全面参与欧洲空间局活动方面发挥了非常积极的作用。该原则在增加空间活动方面也发挥了决定性作用，与其他研究和开发项目的比较可以清楚地说明这一点：1983～1987年，缴费最多的成员国（法国、德国、意大利、英国、比利时和西班牙）的民用研究预算平均增长了8％，但其相应的民用空间预算却增加了60％。没有空间活动带来的技术和资产，以及工业合同主要针对小成员国的公平返款保证，这一进步是不可能的。

事实上，小成员国航天工业存在和发展的主要原因是，公平返款原则能够确保它们获得开展最低限度的空间活动的权利。为了贯彻执行这一原则，欧洲空间局不得不在不同的国家寻找多样化的能力，尤其是小国，因为小国的现有能力并不足以确保与其缴费相当的返款。多元化的工业能力及公平返款原则，降低了垄断的风险，从而避免了资源滥用。如果没有公平返款原则，欧洲的空间活动可能最多集中在数十个工业公司中，而目前参与空间活动的欧洲公司已有100家。如果是前者，多数成员国将无法继续参加欧洲空间局的计划，并且欧洲的空间工业恐怕也不会有今天这样的繁荣景象。

这一工业政策是不是有较高的成本效益？这一问题没有确切的答案。但毋庸置疑的是，因为这一政策，对有时会涉及13个以上国家的40多家公司的大计划的管理，与同样的计划仅由一两个国家的少数几家公司来开发相比，减少了额外成本，但复杂性的增加导致效率低下。子合同的拆分增加了界面的数量和复杂性，因此导致管理成本增加，缺陷风险的上下限增大。

但是，尽管欧洲空间局已经开展了大量的项目，但对因公平返款原则的实施而导致的成本增加进行量化并非易事。差不多每个项目都是个案。因为公司之间的竞争，可以说该原则的实施对成本的影响被缩小了。对于科学项目来讲则更是如此，因为原则上竞争贯穿于科学项目的所有层面，包括主合同商的选择。至于选择性计划，因为利益最大的成员国会获得主合同，所以竞争仅限于子合同层面[①]。

迄今为止，我们可以说欧洲空间局的工业政策是欧洲空间局取得整体成功的关键因素。诚然，这也是要付出代价的，与完全自由竞争的做法相比，尽管想要将增加的成本进行量化很困难，但这一模式的项目成本确实会增加。除了科学家的积极参与和合作外，在主合同商的领导下，在空间项目的研发过程中实现大量工业公司的整合是促进欧洲一体化进程的重要因素，并且航天工业显然是真正的"欧洲精神"发扬光大的领域之一。最近的欧洲边界开放和欧洲经济共同体（European Economic Community，EEC）国家《单一欧洲法案》的实施可能会影响欧洲空间局的工业政策，我们将在第六章中讨论这一点。

事实上，欧洲空间局工业政策及欧洲空间局项目的成功，确实解释了为什么工业界和科学界都坚定地支持欧洲空间局的空间计划。即使该工业政策的副作用导致项目的竣工成本增加了，这个代价也是值得的，因为它使欧洲的空间科学形成了自己的特长领域和鲜明特点，并在全球的空间项目中占有重要地位。

---

① 早期项目中，工业界自发地组成团体或联盟。鉴于这会导致收益系数的严重不平衡，后来这一政策逐渐改变。在阶段 B 的工业建议中，潜在的主合同商尽可能地根据欧洲空间局确定的工业收益目标提出完整的工业结构建议。对主合同商建议的评估不仅要看技术和成本优势，还要看是否满足工业收益目标。

八、与其他组织的比较

（一）美国国家航空航天局

欧洲空间局无法直接与美国的空间机构美国国家航空航天局相比较。但为了说明二者的不同之处，人们经常将二者进行比较。欧洲空间研究组织和欧洲空间局都不是单一政府组织。欧洲空间局是多国组织，由来自所有成员国的代表组成的理事会管理，其预算也来自各个成员国缴纳的资金。尽管欧洲空间局和美国国家航空航天局都进行以和平为目的的空间活动，欧洲空间局并不是欧洲唯一一个从事空间科学任务的组织，与它共存的还有诸如法国空间局等的国家组织。事实上，与欧洲空间局相比，法国空间局能够更直接地和美国国家航空航天局相比较。法国空间局负责法国的空间计划，而美国国家航空航天局负责美国的空间计划。

欧洲空间局和美国国家航空航天局在各自科学计划的管理方面存在更细微的区别，这些区别部分源自欧洲空间研究组织初期。例如，成员国和欧洲空间局之间的职责区分，项目通常分包给企业，欧洲空间局内部完成的项目研发工作极少等。欧洲空间局自身没有能力制造任务所需的设备，而美国国家航空航天局的大多数航天中心都有这类能力（SLED任务是唯一一个例外，该任务用于测试人体在不同程度的直线加速环境下反应的设备，由欧洲空间技术中心研发，1985年欧洲空间局宇航员乌波·欧克斯在搭乘D1空间实验室飞行时首次成功使用）。

欧洲科学家，尤其是英国科学家，很早就开始担心空间机构的过度官僚化，因此坚决反对欧洲空间研究组织雇员从事科学工作；科学家将定义和审查欧洲空间研究组织任务的科学目标及内容视为自己的特权。这种自下而上的方法也是欧洲空间局管理科学计划的基本原则。

一个与之密切相关的问题是科学团体用于实验和数据分析的资金从

何而来。在美国的空间系统中，只要是在美国国家航空航天局的卫星上进行的实验，无论是由美国国家航空航天局内部的科学家还是由外部的美国科学团体建议的，其资金都由美国国家航空航天局来支付。而在欧洲，为了确保研究机构的独立性，欧洲空间研究组织的创始人建议，科学家提议的实验由其所在的成员国提供资金，仅大项目由欧洲空间局提供资金支持，如卫星、运载火箭、跟踪和运行设施。欧洲空间研究组织和欧洲空间局基本上都沿用了这一方式，但有两个任务由于其一体化程度过高而属于例外情况："依巴谷"卫星和搭载在哈勃空间望远镜上的暗天体照相机。

欧洲空间研究组织是在就欧洲空间实验室的作用和规模引起激烈争论时引入上述原则的。最终意见是该研究单位规模要小，要减少正式雇员的数量，并且研究人员也仅保留少数几个。其主要任务是确保任务的科学完整性，其中，项目科学家的主要任务是在技术和工程要求相矛盾时，维护项目的科学价值。为了保持在科研工作方面的活跃性，项目科学家还应从事自己的研究和科学实验工作。欧洲空间实验室转入欧洲空间局后更名为空间科学部，如今共有约 60 名行政人员。空间科学部位于欧洲空间技术中心内，由荷兰科学家马丁·于贝负责。无论是在欧洲还是欧洲空间局的体系内，都没有一个与美国的喷气推进实验室规模相当的研究/运行单位。美国的喷气推进实验室目前有雇员 4000 多人。这是美国和欧洲空间组织的另一个重大区别。

（二）欧洲核子研究中心

非常有意思的是，尽管欧洲空间研究组织是以欧洲核子研究中心为样板建立的，并且二者的多位创始人都相同，但其发展道路却完全不同。欧洲核子研究中心主要凭自己的能力进行基本的核研究，并不是一个纯粹的服务组织。它仅局限于高能物理学这一门槛较高的学科。欧洲核子

研究中心进行的科学计划都是基础性的，没有可预见的应用价值。相反，欧洲空间局的研究范围很广，从等离子体、磁层物理学，到太阳系探索、行星大气层、日球层、太阳和天体物理学。卫星、空间自动化系统及相关技术的开发，是欧洲工业的重要动机。欧洲核子研究中心的所有设施都集中于毗邻日内瓦的一个巨大的研究中心内，所有的实验也都是在那里进行的。在欧洲空间研究组织和欧洲空间局发挥了重要作用的地域分布概念，在欧洲核子研究中心并不存在，也没有对管理模式和合同授予方式有重大影响的工业收益方面的考虑。

欧洲空间局的结构无疑是非常复杂的，欧洲本身也是如此。欧洲空间局的基本任务之一是协调，没有欧洲空间局的协调，国际化的欧洲计划与成员国的国家计划并存必将造成效率低下的后果。因为资金贡献大国缴纳欧洲空间局的经费占到75％以上，所以即使不太在意小国，欧洲空间局也能够生存。小国往往是多数微妙的工业收益问题的根源所在。但是，将欧洲的空间能力仅集中于少数几个大国之中是错误的。事实上，小国是欧洲空间局非常坚决的支持者——如果不是最坚决的话，因为它们主要依靠欧洲空间局来确保本国的计划、培养工业能力和提升技术水平。因此，小国是欧洲空间局起巩固作用的黏合剂。当然，大国势必要在确定欧洲的空间政策方面占主导地位。但如果没有小国，空间政策的执行不会取得如此理想的效果。这种互补性及诸如"阿里亚娜"等计划的成功，增强了欧洲的团结精神。这也可视为欧洲空间局成为如此成功的一个欧洲组织的重要原因。

第三章

欧洲空间局及其成员国

　　欧洲空间局属于其成员国，其任务是制定空间政策，为科学界及诸如电信、气象和遥感等空间应用计划的用户开发系统。欧洲各国的国家空间组织与欧洲空间局共存，二者以多种方式打交道。如果真如欧洲空间局协定中所称的那样，能够实现所有欧洲空间活动的逐步整合，那样效率将会更高，但这一目标似乎很难实现，事实上也不一定合理。迄今欧洲空间研究组织和欧洲空间局已经存在近 30 年[①]，但距离这一目标仍然非常遥远。更现实一些，第一步应是在各国计划和欧洲空间局计划之间进行协调，但即使是在受政治因素影响相对较小的空间科学领域，这一任务也仅是随着"地平线 2000"长期规划的出台才刚刚开始。

一、各成员国计划和欧洲计划

　　各成员国之间的一个重要区别是有没有一个强大的国家空间计划和空间组织，另一个区别是投入空间计划中的资金占国民生产总值的百分比。与投入多的国家相比，投入较少的国家更依赖欧洲空间局（表 6）。历史因素也是重要原因。早在欧洲空间研究组织成立之前，多个欧洲国家，尤其是英国、法国和意大利，就已开始着手某种类型的空间计划，并研发和发射了多颗国家科学卫星。例如，1962 年的 UK-1（英国）、1964 年的 San Marco-1（意大利）和 1965 年的 FR-1（法国）。实际上，卫星项目远不止这些。其他国家，包括瑞典、西班牙和德国，也都实施了探空火箭计划。

表 6　欧洲空间局成员国空间支出全球统计数据和分类

（单位：百万会计单位）

成员国	国民生产总值[a]	空间开支总额	向欧洲空间局缴纳的会费总额	空间科学[b] 欧洲空间局	成员国	空间科学家数量/个	每位科学家的开支
奥地利	121	30.2	27.00	6.2	2.4	32	0.27
比利时[c]	146	126.6	113.4	7.05	6.71	37	0.38

---

　① 校者注：本书的英文版原书出版于 1994 年。

续表

| 成员国 | 国民生产总值[a] | 空间开支总额 | 向欧洲空间局缴纳的会费总额 | 空间科学[b] | | 空间科学家数量/个 | 每位科学家的开支 |
				欧洲空间局	成员国		
瑞士	182	64.07	55.79	10.67	5.5	49	0.57
德国	1170	629.00	456.5	56.8	58.2	340	0.34
丹麦	96	30.6	25.6	4.9	1.03	20	0.30
西班牙	374	191.5	113.5	15.8	4.37	49	0.41
爱尔兰	30	6.50	5.7	1.5	0.8	14	0.16
法国	919	1535.00	672.00	46.6	61.6	400	0.19
英国	812	224.9	141.3	38.1	20.7	500	0.12
意大利[d]	860	753.00	373.00	38.2	31.2	450	0.15
荷兰	218	88.7	64.9	12.00	5.5	70	0.25
挪威	86	52.00	19.00	4.5	1.95	40	0.16
瑞典	188	76.4	52.20	8.64	4.0	70	0.18
芬兰	110	33.7	8.01	4.62	8.47	37	0.35
总计	5312	3842.17	2127.90	255.58	180.13	2108	0.20

a. 1990 年数据，10 亿会计单位

b. 空间科学数据不包括地球科学、微重力科学和生命科学

c. 其中不但包括纯国家活动，也包括对载荷及数据处理和分析的资金支持

d. 1991 年数据

资料来源：上述数据由欧洲空间局成员国在 1992 年卡普里会议上提供

　　上述早期空间活动整体上来说是成功的，并为后来一体化的欧洲空间活动播下了种子。但显而易见的是，要在欧洲发展堪与美国或苏联相媲美的空间科学，所需要投入的财力和人力是任何一个欧洲国家都无力承担的。要想使整个欧洲的科学家能够参加这一新兴学科，建立一个汇集全欧洲最顶尖的科学人才、最强大的工业能力和大多数国家的财力的一体化国际组织是唯一的选择。

　　建立一个一体化组织并不意味着停止各国的国家计划。德国、荷兰和瑞典就合作开发了它们自己的卫星。它们并不是要与欧洲空间研究组织竞争，而是要用一个能够更满足自身具体需求的计划与欧洲空间研究组织的计划形成互补，以及发展能够更有效地参加欧洲空间研究组织和欧洲空间局计划所需的科学和技术能力。只要欧洲空间研究组织（属于欧洲的唯一空间科学组织，尽管不是位于欧洲的唯一空间科学组织）能够继续提供科学界所需的重要设施，继续发挥其"协定"中规定的协调职能，这并不成为问题。

这并非易事，因为部分国家的计划非常强大，并有自己的政治动机。通常这些国家都独自与美国或苏联建立并保持了密切的关系。国家计划实力愈强，成员国对欧洲空间局计划的影响力愈大。但是，在确定科学计划方面，政治始终都不是最重要的因素。科学计划委员会所有科学决策都是首先基于科学评估作出的，而对作出这些决策的科学家的遴选则是基于其科学水平的高低而非国籍。能够对欧洲空间局计划造成影响的国家重点计划，无一例外都是正确的科学计划，并且与欧洲空间局的科学目标相一致。

此外，本国没有空间计划的成员国则期望欧洲空间局能够为本国科学家和工业发挥国家空间机构的作用。但各国的情况和需求千差万别。例如，有些国家缺乏为欧洲空间局选定在卫星上进行的实验提供资金的行政架构。于是，欧洲空间局在 1986 年发起了一个新的计划 Prodex①，可通过该计划为这一问题提供解决方案。另外，由于有些成员国缺乏适当的基础设施，这些成员国的科学家和工程师与其他欧洲国家的同事相比，处于严重不利的地位，欧洲空间局对这些成员国提出了一些建议，并使用欧洲空间局的基础设施为他们提供培训。

因此，欧洲空间局所扮演的角色因成员国有没有国家空间计划而不同，且这两类成员国的具体情况还千差万别。但是，欧洲空间局发挥自

---

① Prodex 是"项目开发经验"的缩写。这是一个选择性计划，出资参加的成员国皆缺乏为其入选欧洲空间局卫星的空间项目进行内部筹资的机制。例如，如果某一成员国对欧洲和国家空间项目的总财政贡献被计入欧洲空间局贡献中，但该国缺乏分配实验和载荷研发所需资金的机制。这时，Prodex 就可发挥作用。奥地利、比利时、爱尔兰、挪威和丹麦目前都参加了 Prodex 项目。显然，在这一项目中，在扣除欧洲空间局的经常费用后，每一参与项目的成员国的返款系数应严格达到 100%。

己作为欧洲空间科学机构的作用，提供原则上任何单一成员国均无力负担的系统，这一点是至关重要的。不过，20世纪80年代，欧洲空间局的这一角色受到了挑战。空间科学相对其他科学分支的重要性越来越强，参与其中的科学家越来越多，要求增加飞行机会。20世纪80年代初，欧洲的科学界约有40个硬件开发小组，100多个空间数据使用单位，共有约2000名科学家和工程师。欧洲工业组成三个大的联盟，积极参加项目开发竞标。当时，作为迅速发展的空间科学的特征之一，所规划的设施越来越复杂，成本也越来越昂贵。欧洲空间科学家和企业要求一定数量的项目来保证科学家继续进行研究，持续为企业提供订单以保证技术的发展。不幸的是，欧洲空间局的科学预算无法满足这种双重要求。除非欧洲空间局每年上马一个中型项目，否则，科学家和欧洲工业有放弃空间科学的危险。事实上，无论是从规模还是从目标高度来讲，当时欧洲空间局的项目都仅与成员国的国家项目相当，欧洲空间局的计划面临无法满足科学界和工业界需求的危险。

显然，这一境况要求大刀阔斧地采取措施，首要任务是增加欧洲空间局科学计划的预算。当然，仅仅开出一张规划项目的采购清单是不能支撑必需的项目扩张的，需要制订一个连贯一致、结构合理的规划以说服各国政治家，规划中还应对成本进行精确估计，以消除各国财政部门的疑虑。这份规划就是"地平线2000"，长期规划使欧洲空间局能够开发出欧洲科学界所需的设施，并对各国的活动和计划进行协调，从而避免不必要的重复建设，优化欧洲的空间科学计划。

（一）国家空间组织和欧洲空间局

与上述情况形成鲜明对比的是，越来越多的成员国倾向于建立自己国家的空间机构，这一趋势可视为欧洲空间活动变得越来越重要的积极信号，但显然也存在危险，进取心较强的国家会产生离心作用，有损空间项目协调一致的概念。

此外，欧洲空间局选择性计划的引入可视为对"协定"最初精神的背离（"协定"预见到了跨国界的协作精神），也在一定程度上加剧了这种离心趋势，促进了更直接地服务于国家利益的计划。不过，选择性计划的增加却使欧洲空间局成为一个充满活力和进取心的组织，并且令人吃惊地提高了成员国的凝聚力。

目标远大的国家除了本国拥有强大的国家空间组织外，还在欧洲空间局项目中成功实施了自己的重点项目，这导致其他国家纷纷建立自己的空间组织。法国的例子尽管不是唯一的，在这一方面也是非常典型的。显然，法国空间局作为法国空间组织的成功运作使其成为其他国家效仿的对象。众所周知，实际上法国空间局的创立和获得的大力支持反映了从戴高乐总统开始的诸多法国政治家对空间活动的重视，法国空间局的存在是影响法国和欧洲空间政策的决定性因素。这一影响很可能也是空间组织大量增加的原因——法国空间局应该对此非常满意。

因为政策准备充足，协调充分，加上持续的财政支持，自欧洲空间局创立之初，法国就是欧洲空间局计划的主要贡献者。在确定了本国的重点之后，法国在 20 世纪 70 年代初有了一定的胜算把握，引发了一场危机，这场危机极大地打击了欧洲空间研究组织和欧洲运载火箭开发组织，并导致了欧洲空间局的诞生。在法国的压力下，欧洲空间局引入了应用计划，其中包括气象学研究（大获成功的气象卫星计划 Meteosat 在"欧洲化"之前就是法国率先启动的）和"阿里亚娜"运载火箭的开发，以及"赫尔墨斯"任务的部分成功。法国空间局的能力几乎延伸到了所有空间活动的领域，通过实力雄厚的国家计划（包括双边合作企业，尤其是与美国和苏联）及欧洲计划，共享资源。

显然，在欧洲同时存在法国空间局和欧洲空间局这样两个目标几乎相同的强大空间组织，有时难免会有某种合作或冲突。法国向欧洲空间

局缴纳的资金来自于划拨给法国空间局的预算，这样一来，有些法国人声称，如果划拨给欧洲空间局的资金直接服务于国家利益或双边计划，这些资金将能更好地发挥作用。法国代表团主要由法国空间局工程师和管理人员组成，通常消息灵通，准备充分，在理事会、科学计划委员会及各种代表团体的所有审议中能够发挥主导作用。

有时，法国代表团的主导地位使理事会主席的工作变得棘手。例如，20 世纪 80 年代，参加圆桌会议的每一个人永远都不会忘记那样一场冗长的辩论，尽管当时辩论的主题现在已经无人能再记起。当时由法国空间局执行主任弗雷德里克·阿莱斯特领衔的法国代表团非常不愿接受一项必需的妥协，当时的理事会主席休伯特·居里安还兼任法国空间局局长，可谓最高权威，为了使辩论尽快结束和达成暂时一致，像往常一样，居里安与各个代表团逐个对话，轮到法国代表团时，他直截了当地说："我相信法国代表团会重新分析自己的立场。阿莱斯特先生，你能接受这一共识吗？……"会议立刻就达成了一致。但是，欧洲空间局与法国空间局之间合作是欧洲空间活动整体成功的重要因素。诚然，就空间科学而言，在 20 世纪 80 年代和 90 年代，法国都是欧洲空间局计划坚定和忠实的支持者之一。

就强制性科学活动而言，提供资金的机构不一定是其科学计划隶属的政府部门，英国就是这样一个例子。英国国家空间中心（British National Space Center，BNSC）的代表隶属贸易与工业部，而用于空间科学的资金直到最近都是由科学与教育大臣领导的科学与工程研究委员会（Science and Engineering Research Council，SERC）划拨。在英国，空间科学面临几乎所有基础科学分支的竞争，如地基天文学。因此，英国对空间科学的支持程度，尤其是划拨欧洲空间局科学计划的资金，是由科学与工程研究委员会自己决定的，项目的先后次序通过同行评议决定，并不一定反映英国国家空间中心的态度。英国代表团在科学计划委员会和理事会表现出的高超的外交和游说能力为这一特殊的境况提供了解决方案。但是,有几次,英国代表团遭遇了巨大的困难,尤其是在讨论增加科学计划预算时。1988 年就出现了这样一个难题。当时,实施"地平线 2000"要求 5％的年度预算增长,而这需要理事会全体代表的一致同意。英国代表团提出要根据对科学计划管理办法的审查情况决定是否支持预算增长。在德国科学家克劳斯·平考的领导下,审查很成功,没有发现任何问题。最终,1990 年 12 月,英国和所有其他代表团一起投票支持到1994 年前继续给予每年 5％的增长,从而为"地平线 2000"奠定了坚实的财政基础。

图 10 清楚地显示了向欧洲空间局划拨资金、有代表在各种委员会和理事会任职的国家机构的多样性。这种多样性也许确实使欧洲空间项目的整体效率蒙上一层疑云。与法国一样,多数成员国都将相当一部分空间项目置于与美国、苏联、日本及目前与中国的双边或多边合作框架内。这些国家可能会非常奇怪,为什么欧洲的整体国民生产总值比美国要大,却无力将更多的资源用于国际空间活动。图 11 和表 6 对世界上主要空间力量 1990 年的投入情况进行了对比,说明欧洲的情况确实非常特别。也许有人会问,如果没有欧洲空间局,任凭国家空间计划并行发展,欧洲在空间方面会不会做得更好,或者没有欧洲空间局是不是也能够对欧洲各国的空间活动进行有效协调。欧洲空间局的成功回答了第一个问题。至于第二个问题,如果真的没有欧洲空间局,也会有其他组织承担起欧洲空间局的协调职责。当前欧洲社会要求在确定欧洲空间政策方面发挥更重要的作用就是一个明证。当然,补救措施是尽可能地协调国家和欧洲的共同活动,以及共同制订未来规划,以使每个合作伙伴都能认识到其在欧洲项目中的利益,并乐于成为这一整体的一部分。

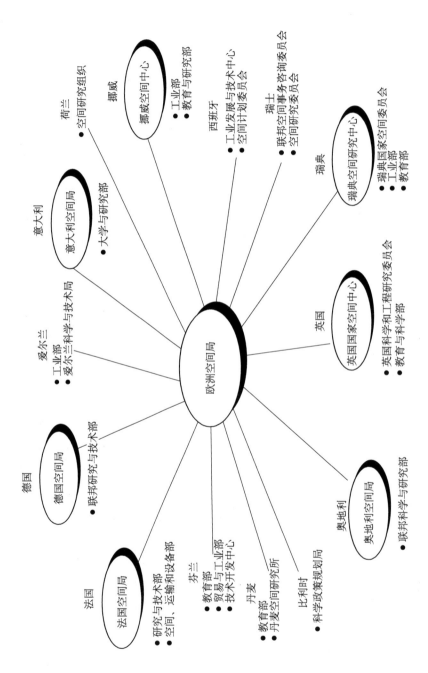

图10 欧洲负责空间活动的组织的多样性。椭圆中为国家空间机构

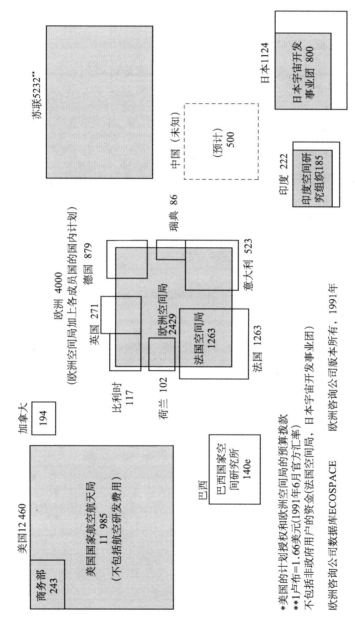

图11 1990年全球主要空间计划比较（单位：百万美元）。中间最大的深灰色方块代表欧洲空间局预算，该数目加上各成员国的预算为欧洲民用航天整体预算 资料来自欧洲咨询公司

*美国的计划授权和欧洲空间局的预算拨款
**1卢布=1.66美元(1991年6月官方汇率)
不包括非政府用户的资金(法国空间局，日本宇宙开发事业团)
欧洲咨询公司数据库ECOSPACE　欧洲咨询公司版本所有，1991年

通过堪与美国空间计划相媲美的欧洲整体计划，欧洲空间局的工业政策为各成员国带来了利益，因而其工业政策是帮助欧洲空间局获得支持的重要因素。本国空间活动不具有竞争力的小国对欧洲空间局的支持尤其坚定。但是，欧洲空间局能做的不仅仅是协调工作。为了证明自己存在的必要性，欧洲空间局必须为纯国家空间活动开辟新天地，但前提是各国有创造一体化欧洲和将空间活动作为欧洲一体化重要因素的政治意愿。此外，各成员国必须清楚它们的最大利益是什么，其在欧洲空间计划中的位置在哪里。因此，有必要推动选择性计划和自愿工业政策的发展，并将单一国家无力完成的大型空间计划定为自己的目标。所以，需要根据不同成员国科学家的梦想来确定科学计划。政治、科学和工业是欧洲空间计划合作成功的三要素。

二、卡普里会议

"地平线 2000"对欧洲的空间组织有着深远的影响。在 1985 年 1 月的部长级会议上通过后，"地平线 2000"就成了一个参考计划，从而能够在欧洲空间计划和各国空间活动之间扮演多年来一直空缺的协调角色。这一长期规划在所谓的卡普里会议框架内得以细化。

1987 年，科学计划委员会的意大利代表即卡普里岛的市长萨维里奥·瓦伦特，请求欧洲空间局允许每两年在卡普里岛举行一次科学计划委员会会议，会议地点毗邻他的别墅，可欣赏到那不勒斯湾和维苏威火山的壮丽景色。所有代表团都欣然接受了这一邀请。首次会议于 1988 年 5 月举行，由维托里·曼诺负责组织，1990 年、1992 年和 1994 年的会议由贾科莫·卡瓦略组织。卡普里会议目前已经成为一项惯例。在卡普里会议上，科学计划委员会代表、天文学和太阳系工作组及空间科学咨询委员会的成员集思广益，讨论国家和欧洲空间局空间计划。工作结束时东道主通常会组织一场晚会，在景色优美的那不勒斯湾背景中，与会人员加入到当地的舞蹈之中，享受主人的热情好客。在这样的工作环境中，他们的努力没有理由失败，他们的确成功了。

会议开始时一般先通报欧洲空间局和各成员国的近期活动，包括技术研究和最新进展。同时也会处理一些大家普遍感兴趣的问题，如数据的存档、小型卫星计划的设立，或国际合作的态度。对大家意见的归纳总结由工作组成员及空间科学咨询委员会完成。卡普里会议仅讨论欧洲空间局的强制性计划，即空间科学议题，基础设施、电信、地球科学和微重力计划不在讨论范围之内。

会议也会比较成员国的资金投入和技术能力，预估各成员国工作的互补性。表 6 对 1992 年 5 月各国的资金投入进行了分类总结，这些数据也可用于对欧洲和美国在空间计划中的投入进行更精确的对比。

1990 年，欧洲的整体投入是 4 亿会计单位，当年美国国家航空航天局在空间活动中的投入是 12.5 亿美元，其中不包括运载火箭成本——哈勃空间望远镜和"尤利西斯"（Ulysses）任务的发射费用均在 3 亿美元以上。在都包括运载火箭成本的情况下，美国国家航空航天局的支出与欧洲支出的比例约为 5∶1。这些数据及图 11 中有关美国和欧洲各自总体支出的数据说明，欧洲仍然落后于美国，这一对比也许能够给出欧洲空间局在与美国的合作中往往扮演次要角色的原因。此外，欧洲的支出约是日本的 5 倍：日本宇宙科学研究本部（Institute of Space and Astronautical Science，ISAS）1992 年的预算总计 1.5 亿美元。但现在还很难与俄罗斯进行量化比较。

三、访问欧洲

正如我们所看到的那样，欧洲空间局与其成员国之间的关系确实非

常复杂：一方面欧洲空间局必须根据用户需求和欧洲工业的期望与能力确定欧洲计划；另一方面，还必须时刻准备理解和接受成员国优先考虑的国家计划，并将其整合为优化的欧洲整体活动。方式如前所述：一方面是科学和工业委员会及长期计划；另一方面是国家科学活动陈述，如卡普里会议所做的那样。

需要指出的是，另一个方式在我们看来最为重要，这就是定期对成员国进行访问，目的是与代表团、科学界及工业界的代表面对面地讨论他们关心的问题和所持的期望。这并不是为了解决突发问题召开的紧急会议，而是欧洲空间局与各代表团之间事先规划的活动。定期访问能够增强双方的相互理解，发现潜在的问题，并确定相应的解决方案。这类会议对寻找问题的解决方案、重建在理事会上有时会面临严峻考验的互相信任大有裨益。

很难对这些访问、访问中处理的问题和发现的新问题进行一个全面的盘点。情况会因下述因素而各不相同：是小国还是大国，还是来自其他机构的合作伙伴；是否有国家计划；是地中海国家还是夏季白天很长的北欧国家等。上述因素在执行欧洲空间政策的过程中都非常重要。确实，访问成员国的过程中发生过很多有趣的故事，包括各国不同风格的招待：有时规格奢华，有时则遭冷遇；有时乘坐的是配备有专门司机的宾利豪华轿车，有时手里捧着美酒却要乘出租车去机场；有时会议成了成员国本国官方代表与他们的部分科学家之间的对抗；还有一次，一位出席会议的将军竟然问起飞机被盐雾腐蚀的事情，他甚至不了解欧洲空间局是一个空间机构，尽管其本国的空间组织是由他负责。但无论在什么地方，我们都受到了礼貌接待。

协调过程对欧洲空间局和其成员国之间的关系是至关重要的。但这种协调直到1988年才开始，并且在许多领域还远未完成。粗略地瞥一眼卡普里会议上所作的陈述就会明白"地平线2000"的核心角色，以及这一规划在多大程度上促进了欧洲空间局和其成员国之间关系的协调，增强了凝聚力。这一规划毫无疑问改变了欧洲空间科学的境况。尽管存在强大的国家计划及美国国家航空航天局、日本和苏联的大量国际参与，但确保这些计划与"地平线2000"的一致性已经成为欧洲空间局日常工作的基本原则。

尽管有上述积极因素，但在面对令人头昏脑涨的诸多方法、程序、会计系统和欧洲各国使用的货币时，出席卡普里会议的许多人一定会羡慕那位古代的罗马皇帝，正是在这个岛上，他统治了一个由多数现欧洲空间局成员国组成却更加整齐划一的帝国。

第四章

国际合作

如上所述，在空间科学领域，欧洲空间局与其他机构的合作仅限于职责范围内的内容，即提供平台、卫星、运载火箭和在轨运行等公共服务。与卫星上载荷相关的国际合作由实验单位及提供资金的成员国负责。

在与其他机构的合作中，欧洲空间局秉承的理念是合作应互利互惠。尽管讨论和讨价还价是在商业气氛中进行的，每一方都想为自己争取最大利益，但双方总会意识到，一方过度追求利益必定会对双方的长期关系及下次合作产生负面影响。对于执行委员会来讲同样重要的是，合作至少是不同机构间某种程度的协调，不仅应符合科学和科学家的利益，也应防止可能会造成浪费的重复建设，在越来越复杂的任务和越来越高的目标对资源的需求越来越大的当下，防止浪费显得尤为重要。

欧洲空间局科学计划的合作起初仅限于与美国国家航空航天局之间，后来逐渐试探性地对苏联、日本和其他国家开放，直到通过签署多份应用和载人航天领域内的合作协议，在空间科学机构间咨询组（Inter Agency Consultative Group for Space Science，IACG）的框架内最终形成全球合作态势。这一变化过程反映了欧洲项目的复杂程度和科学家团体规模的增长，以及欧洲空间计划的日益成熟和自信。"地平线 2000"规划出台后，欧洲空间局科学计划的对外合作进入了一个新的时代。"地平线 2000"规划描绘了欧洲空间局未来 20 年的发展道路，将合作与协调列为工作重点，对全球的空间计划及可用于空间研究的财政资源进行了优化。表 7 列出了欧洲空间研究组织和欧洲空间局与其他组织或机构合作开展的任务。

表 7　涉及其他机构的欧洲空间局任务

任务	欧洲空间局的分工	合作伙伴	合作伙伴的分工
ISEE-2	航天器	美国	ISEE-1，ISEE-3
IUE	太阳能电池阵，卫星运行	美国 科学与工程研究委员会/ 英国	航天器，发射和运行 科学仪器和探测器

续表

任务	欧洲空间局的分工	合作伙伴	合作伙伴的分工
Giotto	航天器，运行	美国 苏联 空间科学机构间咨询组	深空网 Vega-1，Vega-2 协调
HST	太阳能电池阵，暗天体照相机，运行	美国	航天器、仪器和运行
Ulysses	航天器，运行	美国	同位素温差发电机，运载火箭和上面级，科学仪器，深空网
ISO	航天器，运载火箭，运行	美国 美国和日本	第二个地面站 运行
SOHO	航天器	美国 空间科学机构间咨询组	运载火箭，硬件，科学仪器，运行 协调
Cluster	航天器，运载火箭，运行	美国 英国，中国，匈牙利	科学仪器和硬件 Cluster 科学数据系统
Huygens	土卫六探测，运行	美国	运载火箭，卡西尼航天器，科学仪器，深空网
XMM	航天器，运载火箭，运行，望远镜（选项一）	美国	载荷
	Integral 航天器，运行，运载火箭（选项二）	俄罗斯，美国	运载火箭，运行

注：在欧洲空间局框架内，载荷由成员国提供资金

一、美国国家航空航天局

美国国家航空航天局自 20 世纪 60 年代至今，一直是欧洲空间局科学任务方面最重要的非欧洲合作伙伴。这使得欧洲空间局不得不在华盛顿毗邻美国国家航空航天局的地点设立一个常驻办事处，以便跟踪了解美国空间政策的整体变化，以及合作项目的进展情况。

欧洲空间局与美国国家航空航天局的合作模式随时间的推移而改变。在欧洲空间研究组织成立之初，二者的合作是以美国为欧洲空间局免费提供发射服务，以此换取航天器（ESRO-1A，ESRO-1B，

ESRO-2B）上搭载服务的模式进行的。到 20 世纪 70 年代，二者的合作变成了纯粹的欧洲模式，合作基础是欧洲空间局购买并使用美国的运载火箭（ESRO-4，TD-1，HEOS 1/2，GEOS 1/2，COS-B）。这一时期的特征是欧洲空间研究组织和欧洲空间局计划规模的扩张，空间预算不断增长，不过项目规模仍保持中等，成本也被控制在可接受的范围内。但随着项目规模越来越大，这一时期很快就结束了。空间项目逐渐变得越来越复杂，成本也越来越高。出现了对整个天文界开放的天文观测卫星，以及多方参与的项目。这也标志着一个与美国国家航空航天局合作更密集、更复杂时期的开始。同时，空间科学成为一门成熟学科，吸引了越来越多的科学团体和科学家，对空间项目也提出了更高的要求。因此自 1972 年以来受限于最高预算限额的科学计划必须寻求国际合作，以便为欧洲科学家提供所需的先进设施。在此背景下，欧洲空间局约 50％的计划都是与美国国家航空航天局合作进行的。这一时期实施的合作项目有国际日地关系探测器（International SunEarth Explorer，ISEE）、国际紫外线探测器、国际太阳极轨任务（International Solar Polar Mission，ISPM）和哈勃空间望远镜；并行的纯粹欧洲项目有 Exosat、"乔托"、"依巴谷"和红外空间观测台（Infrared Space Observatory，ISO，其中有日本和美国国家航空航天局的少量参与）。

尽管总体来讲，与美国国家航空航天局的合作是欧洲空间科学成功发展的重要因素，并且对欧洲非常有利，但因为两个合作伙伴的实力不属于一个重量级，合作过程中也遭遇到一些困难，二者的关系也时好时坏。例如，国际日地关系探测器和国际紫外线探测器的合作无可挑剔，但在现在更名为"尤利西斯"（将在下一章中详细阐述）的国际太阳极轨任务的合作中，就遇到了大量困难，从当时的情况可看出二者之间签署

的《谅解备忘录》[①] 对美国国家航空航天局是多么没有约束力，以及美国的空间项目在年度预算批准流程面前是多么不堪一击。

在欧洲看来，一个知名度较低却更为重要的案例是 Temple 2/哈雷彗星联合任务。与国际太阳极轨任务不同，这一项目当时处于研究阶段。由于认为预算前景不乐观，美国国家航空航天局再次在研究阶段撤出。这种状况催生了"乔托"这一纯粹的欧洲项目。

哈勃空间望远镜是一个非常具有挑战性的项目，其中既有任务范围过于宽泛的原因，也有合作方面的原因。在欧洲内部，朱塞佩·奥基亚利尼直接对该任务发出严厉警告，并随后向执行委员会建议："在美国国家航空航天局计划空间望远镜时欧洲空间局在做什么？如果不能击败他们就和他们一起合作！"欧洲空间局向美国国家航空航天局提议负责该任务的三个部分：太阳能电池阵，参与运行服务，以及研发著名的焦平面成像仪之一——暗天体照相机。部分美国科学家本来倾向于由欧洲空间局提供望远镜，而自己保留对仪器的控制权。但是，他们对欧洲开发暗天体照相机的能力表示怀疑。于是，美国国家航空航天局成立了一个"老虎小组"（tiger team），前去视察欧洲的空间机构和工业公司。结果令美国人大吃一惊，美国国家航空航天局不得不承认，欧洲确实能够胜任这一任务。作为对这一贡献的回报，欧洲空间局要求得到所有仪器15%的观测时间（事实上，经过同行评审系统的选择后，欧洲天文学家目前获得的观测时间平均为 20%）。当时，大西洋两岸争论得非常激烈。在欧洲，有些人质疑为什么欧洲空间局向这一计划投入这么多而得到的不过是天文学家通过正常竞争也能获得的观测权，因为美国国家航空航

---

① 《谅解备忘录》是一份明确双方义务的文本。双方认为，履行义务的能力要视各自资金投入的程序而定。《谅解备忘录》中任务内容的变更或科学范围的改变，需经双方负责人同意。《谅解备忘录》建立在"尽力而为"的基础上。在签署《谅解备忘录》后，会制订一份项目计划，通常会从技术角度详述双方应如何履行义务。

天局原本就打算向全球科学界发布招标声明。

为了签署整体协议，欧洲空间局与美国国家航空航天局召开了多次会议，尤其是与美国国家航空航天局负责天文项目的南希·罗曼进行了多次磋商。美国国家航空航天局方面最终协议的细节是由南希·罗曼女士完成的，而欧洲空间局方面则是杜乔·马尔凯托和维托里·曼诺，最终协议细节的全部敲定是在南希·罗曼家中举行的一次宴会上完成的，宴会气氛非常愉快。男主人为了庆祝成功签订协议，用特意采购的葡萄酒招待了这两位来自葡萄酒出产国的欧洲人，以表敬意。

1977年哈勃空间望远镜和"尤利西斯"纳入欧洲空间局科学计划中后，项目进度却一拖再拖，尽管不是美国国家航空航天局的原因，但进度拖延既耗费钱财又令人沮丧。因此，与美国国家航空航天局的合作虽说整体上是成功的，但也有一些危及双方合作根基之处。例如，基本文件之一《谅解备忘录》对其中一方没有法律约束力，双方的合作又怎么能可信呢？双方的资金划拨程序不同，又该如何协调以确保资金的连续性呢？欧洲空间局能够接受的对国际合作的依赖程度是多大？如果要赋予欧洲空间局更多的科学选择独立性，需要欧洲成员国再投入多少资源？因此，经过20世纪70年代后期与美国国家航空航天局的一系列合作后，空间科学咨询委员会和科学计划委员会随即批准更多欧洲控制的项目（如"乔托"、"依巴谷"和红外空间观测台）就不足为奇了。

"地平线2000"并不是闭门造车的结果，制订该规划的目的也不是与其他机构进行竞争。那么，欧洲空间局和美国国家航空航天局在"地平线2000"规划出台后的合作如何呢？从本质上讲，"地平线2000"对合作持开放态度，欢迎任何尊重欧洲优先权和目标的互利合作。作为"地平线2000"的四大基石之一，日地科学计划是由"星簇"计划（Cluster）与太阳和日球层观测台（Solar and Heliospheric Observatory, SOHO）项目合并而来的，这是一个与美国国家航空航天局合作的项目，

目前已经处于实质研制阶段。第二个基石是 X 射线多镜面任务（XMM），在焦平面仪器方面也将有美国的大量参与。另外两块基石，远红外和亚毫米空间望远镜①（FIRST）及"罗塞塔"，尽管目前是纯粹的欧洲项目，但也可成为美国国家航空航天局合作的一部分，并且不排除与其他空间机构合作的可能性。上述项目是欧洲空间科学的首要目标所在，因此自然置于欧洲的控制之下，国际合作只不过是一种扩展，欧洲仍应能够按自己的方式实施，并且项目的重大决定不应由其他机构做主。

这样看来，欧洲空间局与美国国家航空航天局的合作过程就很清晰了：第一阶段是欧洲空间研究组织创立初期，这一时期的合作由美国国家航空航天局主导；之后是第二阶段，即密切合作阶段，欧洲空间研究组织通常扮演次要合作者的角色；再之后是第三阶段，这一阶段的主要特征是欧洲有获得更多独立权的强烈愿望。欧洲自主运载火箭"阿里亚娜"的成功研发和应用促进了第三阶段的发展。随着"地平线 2000"这一全面长期规划的出台、科学计划的成熟和技术的进步，欧洲空间局进入了平等合作伙伴时代。因此，与哈勃空间望远镜任务相比，在日地科学计划中，欧洲空间局和美国国家航空航天局的相对关系颠倒了过来：这次是欧洲空间局为主，美国国家航空航天局为辅。

此外，这一长期规划对于确保同一科学领域内任务之间的互补和协调也非常实用。因此，X 射线多镜面任务与美国国家航空航天局的先进 X 射线天文设备（Advanced X-ray Astrophysics Facility，AXAF）项目互补，远红外和亚毫米空间望远镜与美国国家航空航天局的亚毫米探测器 SMIMM 互补。由于双方均可以使用对方的设施，对这些有平行部分的任务进行协调是非常有意义的。这一规划将促进特定学科的持续发展，增加双方合作的机会，符合双方的利益。

---

① 校者注：后更名为"赫歇尔空间天文台"（Herschel Space Telescope）。

空间科学为其他领域的合作进行了一次基准测试。因此，欧洲空间局与美国国家航空航天局的合作也扩展到了其他学科：生命科学、流体物理学和材料科学，当然也包括地球科学。生命科学工作组和材料科学与流体物理学工作组定期召开会议，并计划在航天飞机上与国际微重力实验室进行联合研究。双方同时还在进行对地观测方面的合作。例如，关于选择要在欧洲空间局和美国国家航空航天局极地平台上进行的实验，所需的协调工作已经成功完成。

（一）空间实验室

除了空间科学任务外，欧洲空间局与美国国家航空航天局的首个重要合作项目是空间实验室，第二个重要合作项目是将在下一章中讨论的空间站。空间实验室是在选择性计划框架内实施的，有 10 个成员国参加（比利时、法国、德国、丹麦、意大利、荷兰、西班牙、瑞士、英国及后来的奥地利），空间实验室标志着欧洲开始涉足载人航天活动。尽管这是一次技术上的巨大成功，但与美国国家航空航天局的合作并非一帆风顺。例如，欧洲空间局希望成本更低一些（竣工成本为初始概算的 140%），并且如果数据使用情况能够对欧洲更有利他们会更高兴。空间实验室（Spacelab-1）于 1983 年 11 月利用航天飞机首次发射，这是由欧洲空间局与美国国家航空航天局共同计划的唯一一次飞行任务。欧洲空间局没有承诺共同开展之后的飞行任务，尽管科学家可通过正常竞争或独立协议获得数据使用权，正如德国的 D-1 和 D-2 项目一样。另一方面，美国国家航空航天局在任务准备过程中也遇到了成本超支的情况，最终的竣工成本是初始预算的 169%。部分美国科学家甚至抱怨，与美国任务中的载荷相比，这次任务的部分硬件，尤其是计算机和指向系统使用的是边缘技术，如果不是过时技术的话。

时任美国国家航空航天局空间实验室项目主管的道格拉斯·R. 洛德

称："没有一个计划是百分之百成功的，但是如果说有一个国际计划算得上成功的话，空间实验室可以算一个。得益于这一计划，欧洲拥有了载人空间系统，而美国也在航天飞机上有了载人实验系统。"[1] 欧洲空间局前局长赖马尔·吕斯特的如下表述则代表了欧洲对这一计划的观点：

> 国际合作确实在很大程度上要视实际力量对比而定，但合作的益处并不总是仅用数字就能衡量的，正如现在很多欧洲公司不惜斥巨资与美国和日本的高科技公司组建合资公司的目的是购进新技术知识一样，欧洲空间局想要获得载人航天的基本知识，就要付出空间实验室的代价[2]。

有必要指出的是，1973 年签署《空间实验室谅解备忘录》时，欧洲在这一领域的知识等于零。并且，与美国国家航空航天局刚刚完成的一系列有历史意义的载人探月任务相比，欧洲甚至没有自己的运载火箭，在经历几次发射失败后，"欧罗巴"的研发工作中断了。空间实验室是 1972 年"一揽子计划"的一部分，该计划中还包括开发"阿里亚娜"运载火箭。因此也可以说，如果没有空间实验室，"阿里亚娜"计划会更困难。另外一种观点则认为，考虑到自 20 世纪 60 年代早期以来，美国国家航空航天局为欧洲科学家免费提供了大量发射服务，空间实验室是欧洲慷慨大方回报美国国家航空航天局的一种方式。

现今欧洲已证明了其在研发空间实验室方面的能力，并且也可利用"阿里亚娜"运载火箭继续开展空间活动。在国际合作中，欧洲已不再居于次要地位。基于"平等伙伴"原则，双方于 1988 年 9 月进行磋商并签署了《谅解备忘录》和《政府间协议》，明确了欧洲参加国际空间站合作

---

① 道格拉斯·R. 洛德，空间实验室——一个国际范例，美国国家航空航天局科学和技术信息处，1987 年。

② 赖马尔·吕斯特，美国的空间合作，《欧洲事务》，1989 年 3 月。

的相关事宜，反映了欧洲地位和态度的变化，这一点我们会在下文中
提到。

(二) 互惠协议

整体来讲，欧洲空间局与美国国家航空航天局的合作是成功的。合
作为欧洲科学家提供了以他们相对匮乏的资源、无法得到的设施和研究
能力。但是，我们在此处不妨再次引用赖马尔·吕斯特的话："资源丰富
时，机会增多，合作就会频繁；资源减少时，利他主义就会退居次席。"[①]
20 世纪 70 年代和 80 年代初期，美国国家航空航天局的慷慨招致部
分美国科学家的批评，他们要求欧洲回报美国国家航空航天局的国际合
作政策，因为通过美国的国际合作政策，美国以外的科学家可通过竞争
获得搭载美国国家航空航天局卫星的机会。反过来欧洲则对这一政策非
常满意，因为它使得越来越多的欧洲实验可在美国的卫星上开展。但是，
欧洲缺乏允许美国科学家根据《欧洲招标声明》精神参加欧洲空间局任
务或成员国任务的协议。虽然欧洲空间局仅是这一游戏的诸多玩家之一，
但是政治压力直指欧洲空间局，部分科学计划委员会代表要求执行委员
会为欧洲承担起回报美国国际合作政策的责任。欧洲空间局与美国国家
航空航天局之间的国际合作以前主要是通过美国国家航空航天局与成员
国单独签署双边协议的方式实施的。

这看似很奇怪，因为欧洲空间局的理念是为欧洲科学家研发项目，
而不是为非欧洲空间局国家的科学家。并且，欧洲空间局也不应对成员
国独立于欧洲空间局之外与美国国家航空航天局签署的协议负责。但美
国人在这一点上非常坚持。这是罗格·M. 博奈于 1983 年加入欧洲空间
局后面临的问题之一，如果他想要避免欧洲空间局与美国国家航空航天

---

① 赖马尔·吕斯特，欧洲和美国的合作，《欧洲空间局公报》，1987 年第 50 期。

局之间的已非常脆弱的关系在国际太阳极轨任务危机后进一步恶化，必须迅速解决这一问题。

他成立了一个由美国和欧洲科学家组成的联合委员会，选择委员会成员的原则是双方过去有合作经验。最终选出的欧洲方面的科学家有克泽·德·贾格尔、让·路易斯·斯坦伯格、肯尼斯·庞兹和约翰内斯·盖斯；美国方面的有诺曼·内斯、阿登·奥尔比、托马斯·多纳休、拉里·彼得森和安德烈娅·杜普雷。会议由时任美国国家航空航天局首席科学家的弗兰克·迈克唐纳和博奈共同主持。会议只有一个简单的议题：将所谓的互惠原则形成正式文件。联合委员会仅于 1983 年秋在欧洲空间局总部召开了一次会议，博奈将会议结果在 11 月召开的科学计划委员会会议上作了汇报。

讨论表明，美国没有很好地理解欧洲空间局与美国国家航空航天局两个机构之间的差异。可是，这又能怪他们吗？记得美国的亨利·基辛格曾问过这样一个问题：欧洲是否有一个电话号码？换言之，这个名为欧洲的实体是不是确实存在？一个简单的问题表明了这一态度。在会议上美国人数次抬头望着天花板，搬出基辛格的问题问博奈："那么，请告诉我，欧洲到底是谁？"他们无法理解为什么欧洲空间局不愿回报一项曾惠及多数成员国的政策，而关于这项政策从未有人咨询过欧洲空间局的意见。

联合委员会在经过激烈的讨论后认为，欧洲空间局确实应作出回报，允许美国科学家使用欧洲空间局自己的航天器。会议同意鼓励美国国家航空航天局继续实施开放合作政策。当欧洲空间局就红外空间观测台载荷进行建议征集时，首次实施互惠原则的机会出现了。然而，奇怪的是，美国国家航空航天局并不鼓励其科学家对载荷建议作出积极响应。当时，红外空间观测台被认为是美国国家航空航天局的空间红外望远镜装置（Space Infrared Telescope Facility，SIRTF）（美国版本的红外空间观测台)最有力的竞争对手之一。当时空间红外望远镜项目尚未启动，美国国家航空航天局不愿鼓励美国科学家参与红外空间观测台项目，因为这会减少其用于本国红外天文项目的资源。它确实允许美国科学家以项目科学家的身份提出建议，但这种参与仅需支付参加红外空间观测台科学小组会议的差旅费而已。来自康奈尔大学的马丁·哈维特（现为华盛顿国家航空航天博物馆馆长）提出了申请并被选中。此后，他参加了红外空间观测台科学小组的所有活动。尽管开始不顺，但美国科学家现在已经利用了该互惠协议。他们参加了 X 射线多镜面任务，并且如果资金允许，他们还很可能参加"地平线 2000"未来的任务。

二、苏联、俄罗斯和中欧国家

直到 1990 年 4 月，除了有交换科学信息的合法渠道外，欧洲空间局与苏联都没有正式合作协议。但是，这之前科学界接触频繁，并且所有的活动都回报丰厚。这为 1990 年 4 月 25 日欧洲空间局和苏联政府签署正式协议奠定了基础。与其他欧洲科研机构一样，很长时间以来，欧洲空间局的空间科学部一直在为苏联的航空器开发科学仪器，其中多数集中在等离子体物理领域。但是，这些仪器的运行状况并不理想，部分原因在于多边出口管控协调委员会对技术转让的限制。欧洲空间局的技术人员和科学家也不被允许出席搭载其仪器的卫星的发射仪式，他们甚至不知道发射时间。有一次，他们是从《国际先驱论坛报》上得知发射消息的！尽管有这么多困难，但即使在苏联入侵阿富汗之后最困难的时期，科学家之间的接触也没有停止，并且某种程度的科学合作仍在继续。事实上，在莫斯科的空间研究所（IKI，苏联多数空间科学任务的实施地点）工作的科学家关于改革开放的言论在有些方面比戈尔巴乔夫的官方发言还要早很多。但反常的是，欧洲空间局却不得不保持较低的姿态，

在理事会尤其如此，因为有些代表团把与苏联的关系视为自己的特权。在当时如果要建立与苏联的正式合作关系是非常困难的，原因是欧洲空间局与非成员国的合作需要理事会的一致同意。如今，在当前的政治形势下，与俄罗斯的合作已经得到了正式支持，甚至得到了部长们的推荐。

当然，之前的合作也绝对没什么见不得光的。1970年以来，欧洲空间研究组织就与苏联科学院签署了正式科学信息交流协议。讨论会每年正式举行一次，会期安排在联合空间科学计划审查会期间，轮流在欧洲和苏联召开。虽然进展未必很大，但双方一直保持着联系。双方一直在交流信息，也达成了一些协议，尽管当时复印并不是一件容易的事。但是，有一次，在苏联的空间研究所、美国国家航空航天局和日本宇宙科学研究本部（ISAS）为协调哈雷彗星项目中各自任务而设立的空间科学机构间咨询组内，各方与苏联的关系上升到了国际认可的地位。如下文所述，当时四个空间机构的合作获得巨大进展，从而使上述四个空间机构的开放程度达到了不同寻常的水平。在此期间，剧变压倒了每个合作伙伴，与俄罗斯及中欧曾经的共产主义国家之间的合作现在被置于一个完全不同的环境中。

1990年签署正式协议后，成立了五个工作组，分别为空间物理学、微重力、生物与医学、对地观测和载人空间运输，这些工作组每年召开一次会议。1991年苏联解体前合作又有了新的进展，当时科学计划委员会授权执行委员会与苏联就Mars-94任务的正式合作进行谈判，欧洲空间局开出的条件是为该任务提供海量中央存储器。其他磋商的合作项目包括俄罗斯参加欧洲空间局的新项目Integral，即国际伽马射线天体物理实验室，以及未来可能的太阳探测器任务的合作。

为理清混乱局面，1992年2月俄罗斯政府建立了俄罗斯联邦航天局（Russian Space Agency，RKA），这导致双方合作发生了新的变化。之前，由于存在诸如苏联空间技术开发公司（Glavkosmos）、国际空间计划（Intercosmos）和NPO Energia公司（主要的工业伙伴）等的多个实体研究机构，想要弄清到底应与谁打交道非常困难。尽管已经组建的空间物理学、对地观测和生命科学工作组仍继续存在，欧洲空间局也数次成功地在BION-10航天器上搭载仪器飞行，但还是有必要建立新的工作组，以实施1991年11月慕尼黑部长级会议确定的新合作政策。于是，让·马里·吕东局长和尤里·科普捷夫局长成立了三个小组，负责苏联"和平号"空间站、载人航天基础设施及与航天飞机相关的技术问题。1992年10月12日，双方签署联合声明，表示要在传统合作领域进行合作，同时还有意就在轨基础设施及欧洲空间局宇航员进入"和平号"空间站工作方面进行合作。

上述观点在1992年西班牙部长级会议上得到了与会人员的大力支持。之后，双方的局长定期会晤，同时双方工程师也在讨论在新领域合作的可能性。鉴于这一形势，双方决定要制定一个新的框架协议，以取代1990年4月签署的框架协议。

在与之前属于苏联国际宇宙组织的中欧国家的合作方面，欧洲空间局也签署了几份合作协议，多数是与各国的科学院签订的，这种合作既开放又谨慎，欧洲空间局分析每个国家的不同需求并分别予以处理。

匈牙利在1991年4月与欧洲空间局签署了协议。合作的形式是欧洲空间局授予布达佩斯粒子和核物理研究院的科学家"Cluster项目合作科学家"（Co-investigator）的身份。欧洲空间局还同波兰、捷克斯洛伐克、罗马尼亚、保加利亚进行了官方接触，并签署了类似协议。考虑到将其纳入成员国的时机尚不成熟，将这些国家纳入欧洲空间局计划的一个可能方式是通过Prodex计划。在Prodex计划中，它们可为欧洲空间局的卫星制造载荷，载荷完全在本国进行研发，返款率为90%，另外10%可兑换货币支付，作为项目管理的日常费用。

三、日本

与日本的合作则是另一种挑战。日本认为，科学任务应在内部研发，

所以日本的项目尽管很先进但规模很小，并且通常都位于其比较擅长的空间科学相关领域的前沿，但日本的管理方式很难与欧洲空间局的管理程序协调一致。一方面，日本的国家计划虽然没有工业限制，但受到严格的财政制约。另一方面，欧洲空间局的使命是研发任何一个成员国都无力完成的超国家计划和项目，但其本身受到工业参与方面的严格约束。

日本宇宙科学研究本部[①]严格履行每年发射一个小型或中型航天器的计划，因为担心有条不紊的计划被打乱，不愿与其他机构合作。虽然日本对载荷层面的合作比较感兴趣，但不幸的是欧洲空间局对此没什么兴趣，因为研发载荷并非欧洲空间局的职责。因此，迄今欧洲空间局和日本尚无关于硬件的合作，尽管日本与欧洲空间局成员国，尤其是英国，已经开展了这方面的合作。仅有两次例外：欧洲空间局曾帮助欧洲科学家参与使用日本的 Ginga 和 Asca X 射线天文卫星；作为回报，也曾帮助日本科学家使用欧洲空间局的 Exosat。

与苏联的情况一样，因为哈雷彗星项目和空间科学机构间咨询组的成立，双方合作的发展势头有所加强。日本参加了空间科学机构间咨询组，在小组中担任负责人，并为这一组织的成功作出了重要贡献。空间科学机构间咨询组目前在日地关系方面的新项目就与日本空间科学计划的扩展有关，这充分表明欧洲空间局与日本合作关系的深化。目前已经确定日本宇宙科学研究本部将和美国国家航空航天局一起参与红外空间观测台的运行，日本科学家将参加新增的第三班次的观测，与之前仅有两个班次、单个欧洲空间局地面站的运行相比，这一安排最大限度地确保了航天器数据的获取。根据这一协议，美国国家航空航天局将有一座

---

① 日本有两个自治的空间机构。宇宙科学研究本部（ISAS）是一个主要从事空间科学研究的基础性研究机构。宇宙开发事业团（National Space Development Agency，NASDA）主要从事应用（包括对地观测）和载人空间项目。

地面站加入运行。

　　欧洲空间局与日本每年定期举行会议，会议轮流在欧洲和日本举行，日本宇宙开发事业团和日本宇宙科学研究本部均出席会议，讨论双方可能感兴趣的合作领域，包括空间科学、对地观测〔尤其是欧洲空间局的 ERS-1（图 12）和日本的对等项目 JERS-1 之间的数据相互标定〕、电信及日本全面参与空间站。另外，双方还成立了一个联合工作组，以评估在航天飞机领域合作的可能性，因为日本（Hope 项目）和欧洲空间局（"赫尔墨斯"项目）同时在开展这方面的研究。欧洲空间局一度设想在东京开设一个办事处，但到目前为止与日本的谈判还没有取得进展。

图 12　ERS-1 于 1991 年 7 月 27 日 23 时 50 分拍摄的荷兰北部落潮图像。本图覆盖的面积为 100 千米×100 千米。海洋灰度的变化反映了海面的不同状态：颜色越白的地方海浪越大。请注意 30 多千米长的船迹。图片的分辨率为 26 米，对地面的拍摄效果非常清晰，田野、城市建筑和水中结构尤其如此

四、其他国家

（一）印度

印度曾表露过想以某种形式参加欧洲空间局科学计划的意愿，这非常容易理解，因为印度科学界人才济济，并且也拥有一所卓越的光学天文学和射电天文学院校。1986年，印度对参加欧洲空间局计划上马的甚长基线干涉卫星Quasat很感兴趣。但不幸的是，印度最终未能参与，因为Quasat项目后来被淘汰了。不过，印度的空间计划主要面向电信和对地观测等应用领域，这是印度的国家重点计划。事实上，因为没有类似美国和欧洲的基本地面基础设施，这个次大陆国家在森林采伐和荒地复垦监管、寻找水源等国土管理方面，以及偏远地区民众教育网络建设方面严重依赖空间项目。因此，对于印度来讲，空间项目是未来发展的重中之重。

尽管双方合作仅限于一个框架协议，包括交流访问、表明友好意愿等，欧洲空间局对印度在空间领域的努力及其在当前项目中表现出的认真和务实态度印象深刻。显然，双方未来有合作的可能。因此，印度空间研究组织（Indian Space Research Organization，ISRO）与欧洲空间局允许印度空间研究组织位于海得拉巴的地面站使用ERS-1的数据进行磋商也就不足为奇了。

（二）澳大利亚和加拿大

在空间科学领域，两国均表现出参加欧洲空间局部分项目的兴趣，澳大利亚尤其热衷于欧洲空间局1984～1985年期间研究的紫外线天文学项目Lyman和Quasat。双方共同进行了研究，并确定了子系统层面有合作可能的领域。但在项目遴选过程中，这两个项目都未能入选，而且不幸的是，迄今尚未找到新的空间科学合作机会。对于澳大利亚来讲，对地观测是合作的重点，因此对 ERS-1 有较浓厚的兴趣。澳大利亚建设了一个 ERS-1 接收站。而欧洲空间局感兴趣的是使用位于珀斯的地面站。

加拿大虽然与欧洲空间局签署了特殊的密切合作协议，但其迄今为止还没有参加欧洲空间局的科学计划。加拿大比较感兴趣的领域包括对地观测、电信及通过参加空间站的方式参与载人航天飞行。

（三）中国

尽管中国作出了很大努力，尤其是在运载火箭领域，但是中国自己的科学卫星仍相对较少，与欧洲空间局的接触也有待扩展。至少迄今为止，空间科学不是中国的重点研究领域。但是，1991 年，位于北京的中国科学院空间科学和应用研究中心（CSSAR）对欧洲空间局的招标（其中多数是针对欧洲科研机构）作出响应，表示有意为 Cluster 任务建立一个数据分发中心，这不啻为一个惊喜。建议书的标准很高，因此最后被成功选中。随后欧洲空间局与中国科学院就正式协议进行了磋商，为双方的合作创造了新的机会。显然，中国在空间科学方面有着巨大的潜力，其有望迅速成长为欧洲空间局强有力的积极合作伙伴。和印度一样，中国也对使用欧洲空间局的 ERS-1 卫星数据比较感兴趣。

（四）南美洲和非洲

中南美洲的阿根廷、智利、巴西、墨西哥、哥伦比亚和厄瓜多尔，以及非洲的肯尼亚、摩洛哥、突尼斯和津巴布韦对对地观测、电信和空间技术非常感兴趣，但迄今尚未明确表示出与欧洲空间局在空间科学方面合作的意愿。

五、空间科学机构间咨询组

1986 年，随着"乔托"项目的批准，欧洲空间局重新加入了这个当

时正忙于研发观测哈雷彗星所需航天器的国际俱乐部。同在该俱乐部的空间机构还有日本的宇宙科学研究本部及苏联的空间研究所。美国国家航空航天局尽管没有专门用于观测哈雷彗星的航天器，但也通过成立哈雷彗星国际观测小组、发射探空火箭及将国际日地关系探测器（ISEE）重新命名为国际彗星探测器（Infrared Comtery Explorer，ICE）并将其变换到新轨道，为这一国际合作作出了贡献。所有的项目都是各自独立的（图 13）。

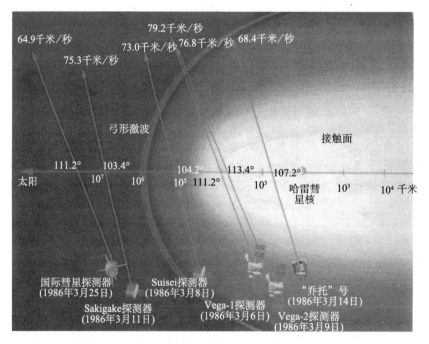

图 13　参与哈雷彗星观测任务的航天器包括"乔托"（欧洲空间局）、Vega-1 和 Vega-2（苏联）、Sakigake 和 Suisei（日本），以及国际彗星探测器（ICE，美国国家航空航天局）。空间科学机构间咨询组对上述航天器的运行进行了密切协调。得益于这一史无前例的国际协作，"乔托"能够在距离彗星核仅 600 千米的地点进行近距离观测，从而提供了首张彗星核的详细图片，以及距离挥发源较近的彗星尘埃和气体含量的精确测量结果

　　当时科学界和空间机构很快就达成共识：对这些相互独立的项目进行国际协调将对彗星探测的整体科学目标大有裨益。在这一过程中，1981 年时情况已经非常明朗：各方的项目之间有互补性，与单打独斗相比，合作产生的收益更大。此外，哈雷彗星本身是一个极具挑战性的目标，为以纯粹探测和发现为目的的全球科学合作提供了良机。哈雷彗星观测项目将是全球四个主要空间力量一次史无前例的历史性联合努力。合作伙伴之间从未就谁应做最重要的工作、谁做的工作最出色而发生过争论，大家都是第一！这一联合观测将是人类历史上的第一次，至少在 76 年后哈雷彗星再次靠近太阳之前是这样。

　　鉴于此，四方同意设立空间科学机构间咨询组，一个由各方代表组成的非正式机构，以协调与空间观测哈雷彗星相关的所有事宜，在已故的朱塞佩·科隆博的邀请下，小组首次会议于 1981 年在意大利帕多瓦举行。1303 年，佛罗伦萨画家乔托·迪·邦多纳在帕多瓦的斯克罗韦尼教堂《圣母颂》壁画上画了一颗彗星，这颗彗星被认为可能是哈雷彗星，尽管这一观点已经遭到几位科学史家的否认。

　　空间科学机构间咨询组立即成立了三个工作组，以联合处理诸如彗星大气模型、空间等离子体测量协调及航天器导航优化的工作。原本为协调所有地面观测而成立的哈雷彗星国际观测小组也参与到该小组的工作之中。空间科学机构间咨询组每年举行一次会议，由四方轮流主办，会议气氛轻松，允许与会人员有私人交往，增强了相互之间的友谊和信任，并将全球领先的空间机构间的合作提升到了一个新的高度。

　　毫无疑问，本次联合行动最重要的成果是图 14 所示的"探路者"（Pathfinder）概念，该概念旨在使"乔托"精确地瞄准彗核。彗星国际观测组对彗核定位的最高精度约为 1000 千米，这对于日本的 Suisei 和 Sakigake，以及计划分别在距离彗星 10 000 千米和 8000 千米处观测的苏联的 Vega-1 和 Vega-2 的任务而言已经足够了，但对计划在仅 600 千米处观测的"乔托"而言，精确度还不够。幸运的是，"乔托"是最后一个

与彗星交会的航天器，Vega-1 和 Vega-2 的照相机早几天到位，从而能够为"乔托"提供彗核的最新位置。但是，这些数据还不够，除非能够将 Vega 在空间的位置精确定位到几百米的精度，并将两者结合起来。尽管这一精度无法通过苏联的地面系统实现，但却可通过使用美国国家航天航空局的深空网（Deep Space Network，DNS）跟踪苏联航天器实现。将 Vega 照相机通过高速传输专网（至今仍用于其他多种用途）从莫斯科传到欧洲空间运行中心（欧洲空间局负责"乔托"运行的空间运行中心）的数据和深空网的数据相结合，可将彗核的位置精确定位到 40 千米，这就满足了"乔托"最终导航需要的精度，这就是"探路者"概念，这一概念的成功主要归功于苏联航天器及美国国家航空航天局的测量数据。正是因为这一概念，"乔托"最终成功实现了所有目标。

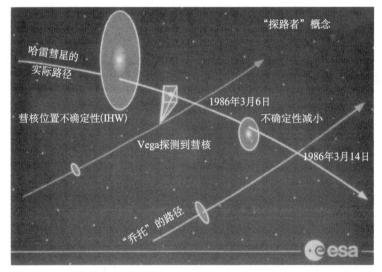

图 14 "探路者"概念。根据地基观测定位的哈雷彗星的彗核位置误差为 ± 400 千米，如图中彗核实际路径外的大圈所示。比"乔托"早几天抵达彗星附近的苏联 Vega 探测器上的照相机能够确定彗核的相对位置。美国国家航空航天局通过使用深空网，以较高的精度确定了两艘 Vega 探测器的绝对位置（Vega 路径外的小圈），从而使"乔托"能够以小到约 ± 40 千米的不确定性定位彗核的位置

该任务严格按计划执行了实施策略，其中关系到任务成败的多个部件没有一处出现纰漏或故障，包括五次发射全部取得成功，并且准时准点。在美国国家航空航天局的指示下，哈雷彗星国际观测小组在地面对哈雷彗星进行了研究，并对彗星的轨道参数进行了跟踪和测量。Suisei 和 Sakigake 分别于 3 月 8 日和 11 日在约 150 000 千米和 7 000 000 千米的距离对卫星进行了观测，这是人类首次在空间中远距离瞄一眼这个神秘天体和其大尺度特征。紧随其后是苏联的 Vega，其探测距离更近一些，约为 10 000 千米。在 Vega-1 于 1986 年 3 月 6 日给哈雷彗星拍第一张近距离照片并测量其与其他恒星的相对位置时，美国国家航空航天局的深空网正在跟踪 Vega-1，并以高达数百千米的精度测量 Vega-1 的位置，这一数据和 Vega 的照片是"乔托"以 40 千米的精度靠近至今仍神秘的这个彗核所必需的。所有任务都达到了预期的效果，其中科学家、记者和公众最期待的当数"乔托"的照相机拍摄到的激动人心的照片。

这是所有参与者努力的结果，是多年预先研究的成果，过程激动人心，但有时也不免让人失望。这是科学上独一无二的多方合作的成果，超越了国界及政治、经济差异。这一合作发生在苏联解体前五年，当时全球仍笼罩着冷战的阴霾。空间科学机构间咨询组实施的首次全球合作是完全成功的，原因是目标明确，繁文缛节和官僚主义较少，没有硬件的交换，并且各参与方之间的所有界面都非常清楚。

在 1986 年 11 月 7 日梵蒂冈庆典上，观众庄重的表现（图 15）象征了这一非同凡响的和平对话。当时，出席活动的四方代表团一起将这次不同寻常的人类努力的成果呈献给约翰·保罗二世。在装饰豪华的国王大厅内，教皇称赞空间科学家为"善良的人，他们追求的知识领域是增强人类的团结而非隔阂……因此……他们是和平的缔造者"。

图15　1986年11月7日梵蒂冈举行的庆祝仪式。仪式上，空间科学机构间咨询组代表团的负责人向教皇约翰·保罗二世呈上了哈雷彗星任务的成果

　　随着史诗般的哈雷彗星研究工作的落幕，四方的许多科学家都认为，虽然哈雷彗星返回了太阳系深处，但这一非凡的体验不应就此消失。尽管有政治和其他分歧，但在1981～1986年，空间科学机构间咨询组曾成功地把四个空间机构作为一个团队组织在一起。尽管也有困难的时候，其中最难的当数苏联入侵阿富汗时，但是科学家们从来都没停止相互间的对话，而且更重要的是，他们始终在为未来而努力。在各种会议期间确实也有过紧张的时刻，但从未有仇恨和敌意。有很多次，政治意味较强的问题都是在门外解决的，这确实有点不同寻常。1983年前一直担任欧洲空间局代表团团长的恩斯特·特伦德伦堡就很赞赏这种处理方式。他会把美国、苏联或日本的负责人叫出会议室，而这时会议就会暂停下来，直到几分钟后他们带着解决方案满面笑容地回来。时任苏联代表团

团长的罗尔德·萨格杰耶夫有一次谈到苏联科学院空间研究所为未来
Phobos 任务开发的激光设备时，称其功率仅是"战略防御倡议"中激光
设备预计功率的几千分之一。这引起了部分美国朋友的不悦，但并未影
响空间科学机构间咨询组走向成功。

那么，为什么要让空间科学机构间咨询组和哈雷彗星一起消失呢？为
什么不接受教皇提出的挑战呢？最后决定，不解散这支成功的队伍，空间科
学机构间咨询组将会继续存在。但这一结果来之不易！空间科学机构间咨
询组的基本原则是致力于全球性项目，并且所有机构均拥有与之相关的已
经得到批准的项目。换言之，空间科学机构间咨询组不应变成一个制订计
划的机构，因为在这样的机构中官僚主义方面的考虑要超过科学需求。

1986 年 11 月在帕多瓦进行的磋商中，针对界定"新"空间科学机
构间咨询组这一议题，出现了全欧观点和美国观点两种不同意见，而日
本代表则游移不定。罗格·M. 博奈的意见是，如果没有现实需求，还
是停止这一活动为好：保留哈雷彗星观测的巨大成功总比将来用一个官
僚主义的机构来玷污它要好。也许是因为担心空间科学机构间咨询组权
力过大，当来自美国国家航空航天局的伯特·埃德尔森领导的美国代表
团提出要将名称改为"专负责空间科学的机构间咨询组"时，我们能清
楚地感受到这一潜在的危险。尽管存在上述困难，空间科学机构间咨询
组还是幸存下来，现在等于是进入了它的第二次生命。

空间科学机构间咨询组的主要目标是协调国际日地科学计划，这个全
球合作计划旨在探索行星际介质及研究日地关系（图 16）。四方在这一领
域共有 10 多个项目，空间科学机构间咨询组负责协调各自科学目标、优化
运行计划及组织数据交流。这一时期还出现了其他一些全球性的科学研究。
例如，在甚长基线干涉领域，日本和俄罗斯的 VSOP 任务和"波谱-R"天
体物理观测卫星（Radioastron）要求使用通用频率标准、欧洲的射电望远
镜网络和美国国家航空航天局的深空网。太阳系探索和高能天体学领域也

有类似的现象，这些领域的协调工作将会增加欧洲、日本、俄罗斯和美国任务预期的科学成果。因此，务实精神和对全球空间科学资源的整体优化推动着空间科学机构间咨询组继续获得巨大成功。

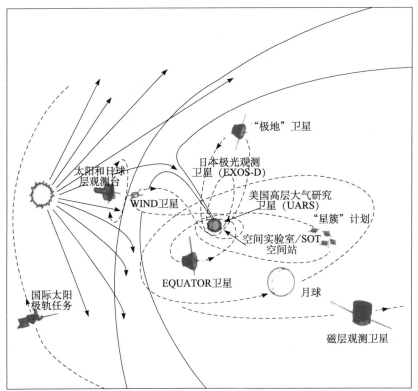

图 16　空间科学机构间咨询组协调的日地科学计划涉及的主要任务包括欧洲空间局的太阳和日球层观测台（SOHO），以及"星簇"计划（Cluster）、日本宇宙科学研究本部的磁层观测卫星（Geotail）和 Solar-A（Yohkoh）、俄罗斯的 Interball 和美国国家航空航天局的 WIND 卫星和"极光卫星"（POLAR）。此外，其他一些项目也在为日地关系提供有用的数据

六、未来的国际合作

分析欧洲空间局与主要合作伙伴（尤其是美国和苏联）合作形式的

演变，可以揭示隐藏在"合作"字面下的不同动机，并使我们能够看清未来合作的特点和成效。大约 25 年前，对于欧洲空间研究组织来讲，合作几乎不可能是一种自由选择，而是出于科学和技术的需要。在 20 世纪 70 年代末和 80 年代，随着空间设施的复杂性和成本越来越高，合作成为保持合理发射频率的一种手段，此时合作并不是必要条件，而是实现发射机会多样化、参与先进项目及跟上空间科学快速发展的一种有效方式，同时也是分担开发大型复杂系统的高昂成本的一种方式。

当今空间科学的发展趋势是解决多学科问题及全球科学数据交流问题，这就需要全球科学界的参与。因此，国际合作源于并服务于空间科学的发展。所以，范围广泛的行星任务需要全球努力，涉及复杂系统、多颗卫星及多个地基设施的地球区域环境研究也是如此。

空间科学领域的国际合作最初是一种学习和增长经验的方式，后为便利措施，而现在则已经成为一种必需。现在的问题已不再是要不要合作，而是什么时候以什么方式合作。但是，要想提高效果，必须以前瞻的眼光看待合作，大型项目必须明确界定，以促进共同规划。通过对彼此计划的比较，空间机构可在早期就进行国际合作。横跨 20 年的"地平线 2000"确实是一个具有前瞻性的长期规划，欧洲空间局通过五年预算为该规划提供了稳定的财政支持。

合作现已成为全球各空间机构政策中不可或缺的组成部分，它使空间机构通过协调相关设施的研发及通过授予合作伙伴互惠使用权以避免有损无益的竞争，实现资源的合理化配置和规划优化。合作是扩大科学成果及鼓励不同学科和学派之间沟通交流的有力工具。

不过，虽然有上述优点，国际合作也有变成一个权力干涉工具而非真正合作方式的危险。此外，将程序和思想差异较大的几方放在一起可能会事与愿违，导致效率低下和遭受挫折。因此，潜在合作伙伴和空间机构在进行国际合作时必须要遵循一定的行为规范。

这一行为规范是 1988 年 3 月维托里·曼诺在欧洲空间局于巴黎召开的一次圆桌讨论会上提出的，这是一次为祝贺罗尔德·萨格杰耶夫被提名为"年度人物"（这是授予艺术家、政治家和科学家的一项殊荣）而组织的一次专题讨论会。在他看来，这一行为规范应包括下述内容。

（1）国际合作应成为培育有利于空间科学的最佳全球计划的工具。

（2）尽管允许有益的重复，但不同机构的计划应当互补而非相互竞争。

（3）在确定和修改计划时，各机构应公平、克制、互相尊重。

（4）允许互惠使用各自的设施应成为规范，并鼓励科学数据的交流。

（5）硬件合作应建立在互利的基础上，并且技术和管理界面应清楚。

（6）在可能的情况下，应对独立开展的项目进行协调。

（7）应公平承认并公布其他方面所作的贡献。

（8）应优先考虑履行国际协议。

对这一与欧洲空间局规定一致的行为规范，各方均表示乐于接受。这一规定符合每个人的利益，也符合空间机构和全球科学界的利益，因为空间科学领域的国际合作如今已成为一种必需，并且未来也是如此。正如空间科学机构间咨询组所表明的那样，超越政治和意识形态障碍，为了科学目标进行的合作是促进参与国和平与教育的一种强有力的手段。以多元文化和文明为重要特征的欧洲必须作出示范。

第五章

国际合作的两个范例

1958 年通过的《外层空间法》要求美国国家航空航天局在国际合作的框架下发展空间计划。对于美国国家航空航天局来说，合作不仅是美国政府最高层制定的一项政策，也是保障美国国家航空航天局得到国会及政府行政部门对其任务支持的一个途径。而对于欧洲空间局来说，合作给予欧洲科研学者更多的机会，也使其有更多的可能参与到仅靠自身难以完成的空间任务中。因此，合作对双方均是有益的。但是，美国与欧洲空间局预算程序的根本差异导致了双方在合作方面出现各种难以预料的困难。国际太阳极轨任务就是如此，命运多舛的国际空间站亦不例外。

一、国际太阳极轨任务

国际太阳极轨任务是最能展示美国国家航空航天局内部工作流程及其与国会关系的一个项目，该项目可以说是美国国家航空航天局与欧洲空间局合作的一个理想范例。这一项目的有关概念最早来自于 20 世纪 60 年代初欧美科学家对相关问题的探讨。其概念是运用两艘相对于黄道面对称的航天器，探测日球层的第三维，从而分辨行星际介质和太阳风的空间与时间特征。在此之后，"先驱者" 6 号、7 号、8 号和 9 号探测获得的数据显示，位于地球轨道附近的日球层结构清晰，再次证明了这一概念的正确性，且大西洋两岸科学界很快在相关领域取得了进展。欧美也就联合任务达成一致，并进行了职责分配，在此次任务中，双方提供的都是独立的硬件设备，且在资金方面也是独立的。

两大机构要分别研发各自的航天器，航天器上加装了经公开竞争而遴选出的适用于各自航天器的欧洲或美国的科学仪器。每艘航天器都将携带一套核心仪器，用于提供关于太阳各个方面的基础数据。欧洲空间

局的航天器采用自旋稳定方式，而美国国家航空航天局的采用三轴稳定方式，因此能够携带太阳能成像仪器，并会优先考虑白光日冕观测仪和X射线/远紫外望远镜。1983 年 2 月，通过航天飞机将两艘航天器发射升空，由惯性上面级将其送入行星际轨道。为了获取足够的能量并改变其绕日运行的轨道面，两颗卫星将首次背离太阳方向发射，以便于在发射约 17 个月后切入木星轨道。木星的引力场可导致两艘航天器轨道发生偏转，形成两条对称的偏离黄道轨道，在两年半之后，两艘航天器将可同时分别在太阳两极点上方飞行。

1974 年进行的首次可行性研究获得了欧洲空间研究组织和美国国家航空航天局成立的联合科研组的支持。1975 年，在美国国家航空航天局戈达德航天飞行中心举行的座谈会上，与会者对此任务概念进行了评议。1976 年，在欧洲空间局内部，曾被称做"黄道外任务"的国际太阳极轨任务与其他五个候选任务展开竞争，以期入选科学计划。经空间科学咨询委员会（SSAC，当时名为 SAC）的推荐，1977 年 11 月，国际太阳极轨任务最终入选，同时欧洲也将参与空间望远镜项目。如此决定的原因之一是"这一双重任务使欧洲空间局拥有了自己的航天器，可在其中发挥重要作用，同时有条件建立清晰的界面，与美国国家航空航天局开展卓有成效的合作"。1978 年 2 月，美国国家航空航天局和欧洲空间局共同选择了两艘航天器上携带的科学仪器；1979 年 3 月，两大机构签订了《谅解备忘录》，明确了双方的责任与任务分配。总计共有来自 13 个国家65 所大学和研究中心的 200 多名科学家参与了上述两个项目。美国方面，国会最终也批准了项目立项，并将国际太阳极轨任务纳入 1979 财年预算。

为了阐明两大机构在项目审批方面的不同理念，必须先对欧洲空间局科学项目的审批程序作出说明。这也有利于我们了解，对于一些对美方参与项目造成不利影响的事件，欧洲方面为何会作出怀疑的反应。从制度的观点来看，欧洲空间局科学计划（其预算可通过理事会表决通过的五年预算得到保障）中获批的项目会得到财政拨款支持，但不能超过一定的项目竣工成本。如果包括卫星研发、发射及运行在内的成本不超过阶段 B 开始前预估资金的 20％，该项目就不会受到科学计划委员会的质疑。严格地讲，这个 20％的级别不是法定限制，因为科学计划委员会对整体预算进行调整，原则上是可以为竣工成本超出的项目增拨款项的。但是，此规定意在表明，只有资金安排合理的项目才不用面对未完成就被取消的威胁。

这种程序无论是对于工业、欧洲空间局管理团队，还是对于科学家来说都起到了鼓舞作用，有利于在获批前确立高置信水平（20％以内）的项目竣工成本，也有利于确保在整个项目实施过程中资金使用能够得到良好的控制。统计数据显示，欧洲空间局科学项目的竣工成本通常都能够被限制在批准预算的 20％以内（表 4），除非项目遇到了不可预见的技术难题，或受到外界环境、设计方案改动，或发射延迟等问题的困扰，例如，"挑战者"号航天飞机事故后的那些项目。这种程序的一个不可忽视的优势是，一旦项目获批成为科学项目，那么项目就会很稳定。实际上，在欧洲空间局的整个发展历程中，还没有任何科学项目被取消。这并不是说没有重新定位项目或缩小其规模的必要，必要时，为了确保不超出既定竣工成本，也必须这样做。但是，即使在这类情况下，所有的项目仍然都完成了。在 COS-B 卫星项目上，英国曾撤回其实验设备所需的资金，并建议取消整个项目。欧洲空间局为此项目专门召开了座谈会，经过会上深入的科学探讨，英国还是决定撤回申请，尽管其未再投入实验设备所需的资金。最后，欧洲空间局空间科学部填补了因英国资金撤回而导致的科学设备的缺位，挽救了整个项目。1975 年，该项目成功实施，并完成了其科学目标。

如果要与美国国家航空航天局合作实施任务，那么《谅解备忘录》

必须先获得科学计划委员会及管理和财务委员会的批准，然后再呈交理事会投票，且必须获得一致通过。《谅解备忘录》的适用性通常取决于双方的资金能否到位。几乎可以肯定，这项条件适用于欧洲空间局科学计划，因为其预算至少在五年内都是稳定的。只有理事会一致批准后，局长才能受权签订《谅解备忘录》。成员国须按照《谅解备忘录》的规定履行各自的义务。

准确地说，完成上述既定程序后，国际太阳极轨任务才获得批准。对于欧洲人来说，具有法律效应的《谅解备忘录》一经签订，就能够确保项目的安全了。国际太阳极轨任务于1979年启动。当时，欧洲方面没有任何人怀疑美方对形势持有不同的解读。很遗憾，后来发生的事情粉碎了这种认知，从此欧洲空间局与美国国家航空航天局的关系进入了另一个时代。

难以预料的事件发生了，1981年5月9日，《纽约时报》头版报道了该事件，题目是"美大幅削减联合科学项目资金造成盟友焦虑"：

> 里根总统宣布2月份修改预算后，维托里·曼诺周一早晨抵达天气寒冷的巴黎前往奥利机场时，表情坚决，一脸怒气。他登上协和式客机前往纽约，与来自美国国家航空航天局的两名高官在肯尼迪国际机场的法航私人休息室中会面。曼诺博士作为11国欧洲空间局科学部副主管，表达了巴黎方面的不满与愤慨之情。

到底发生了什么事情？在美国国家航空航天局对外宣布决定前几个小时，美国国家航空航天局代理局长阿伦·洛夫莱斯与欧洲空间局局长埃里克·奎特戈德进行了简短的电话通话，告知美国国家航空航天局取消其航天器项目的决定，从而违反了《谅解备忘录》中的相关规定。的确，美国国家航空航天局仍愿继续遵守其他规定，但是对于关键的双航天器任务来说，此举无异于砍掉一个整体的一半。美国国家航空航天局竭力向欧洲空间局解释，这纯粹是因为新的财政限制而不是对任务重新进行科研评估后作出的决定，《谅解备忘录》中有关资金的规定，即遵守各自的"资金划拨程序"，是无法实现了。此外，《谅解备忘录》规定，"已选定的实验或最终补充实验的科学规模如有任何变动，须经美国国家航空航天局空间科学处长和欧洲空间局科学项目处长双方协议通过"，美国国家航空航天局提前向欧洲空间局局长告知决定算是遵守了这项规定。但是，最后这一点使欧洲方面感到不满，他们不能够接受的是，提前告知早已决定并将在几个小时后对外公布的事情，竟然算做"双方同意"。下面让我们共同回顾事件的详细情况。

1980年年初，还是卡特总统当政时期，正在制定中的1981财年预算要求美国国家航空航天局削减整体预算，希望在选举年降低联邦预算赤字。美国国家航空航天局对国际太阳极轨任务资金进行大幅削减，导致发射时间从1983年推迟到1985年。尽管此决定令欧洲空间局方面不满，但项目的重大变动是美国国家航空航天局与欧洲空间局官员共同讨论并通过的。美国国家航空航天局内部为了确保航天飞机的研发预算用尽各种方法，导致其他领域活动减少，空间科学就必定成了受害者。

但是，美国单方面取消航天器项目的原因是，1980年11月的美国大选中里根上任，新一届政府对预算程序进行了根本性的变动。戴维·斯托克曼出任管理与预算办公室（Office of Management and Budget, OMB）主任也许在全世界眼中不算什么大事，但是对于美国国家航空航天局的预算来说至关重要。斯托克曼引入了一种自上而下的方法，能够有效地使白宫拥有控制预算提案的权力，此前，这一权限分归各机构和国会各委员会。与新的预算理念一同被引入的还有严格的保密政策，使得联邦各机构，包括美国国家航空航天局在内，难以公布自己的详细

计划。

卡特政府在最初关于美国国家航空航天局 1982 年预算的"蓝图"中,虽然将国际太阳极轨任务推迟了两年,但至少还包含了该项目,而管理与预算办公室却对预算进行大幅削减。修改后空间科学方面可提交的预算申请比原来预测的还低了近 30%。美国国家航空航天局不得不在提交的预算申请中取消了国际太阳极轨任务,且未与其合作伙伴协商,当然更谈不上"达成一致意见"。欧洲空间局及其成员国均对美国国家航空航天局宣布取消其航天器项目感到惊诧。欧洲方面愤怒与怀疑的情绪很强烈,愤怒的是项目的取消,疑虑的是该国际协议是否将被彻底取消。这件事反映了欧洲空间局意识到两个组织对《谅解备忘录》神圣性的态度的根本不同后的震惊反应。在欧洲,基于上文所述理由,《谅解备忘录》被认为对成员国具有法律约束作用,但是对于美国来说却不是这样,二者态度的根本不同成为两大机构当前及未来签订各项国际协议前须考虑的主要因素。这一变化加上美国国家航空航天局缺乏与欧洲空间局的商讨,对欧洲方面的影响一点也不亚于美国国家航空航天局取消航天器项目带来的科研及资金影响。

从科学的角度来看,除了由于没有美国国家航空航天局的航天器而无法进行立体成像观测,导致部分科学目标的实现受到严重影响外,约一半的载荷被取消,美欧约 80 名研究员也即刻从项目中撤出。

从财政的角度来看,已经划拨用于欧洲科学家参与美航天器有效载荷研发的资金(当时估计为 1500 万美元)是无法挽回了。此外,欧洲空间局也已经为该项目自身负责的部分投入了相当于 1 亿美元的资金。基于工业方面对成本与时间安排的考虑,从首次提出将发射推迟至 1985 年开始,欧洲空间局决定采用"边研发边储备"(build and store)的方法,而不是延长研发时间。这意味着即使宣布了发射延迟也不会影响继续研

发项目。因此，当后来美方取消自己负责的那部分项目时，欧洲空间局
已经投入近一半的资金，如果欧洲空间局也决定取消其航天器，进而彻
底终止整个项目的话，就意味着已投入的资金将全部打水漂。当讨论欧
洲在"被截肢的项目"中应采取什么立场时，上述原因都是应该重点考
虑的因素。

欧洲空间局局长埃里克·奎特戈德与科学项目处处长恩斯特·特伦
德伦堡迅速制定出对应的强势战略，并向美国国家航空航天局表达了强
硬的态度。向美国国家航空航天局传达强硬态度这个微妙而又不讨好的
任务被交给了维托里·曼诺，他代表欧洲空间局执行委员会参加了 1981
年 2 月 20 日与美国国家航空航天局的会议。《纽约时报》在头版对此事
进行了报导，相关报导见前文引用部分。

欧洲空间局的态度很明确：美方的行为属于单方面违反《谅解备忘
录》，因此完全不可接受，欧洲空间局要求美国国家航空航天局根据《谅
解备忘录》的规定全面恢复参与项目。美国国家航空航天局回应称，此
次取消是因为其空间科学与应用办公室面临大幅的预算削减，但是其仍
将尽力继续支持参与项目其他部分的工作：发射、提供放射性同位素热
电电源[①]（Radioisotope thermoionic generator，RTG）、美方的有效载
荷、数据检索与分发等。美国国家航空航天局还表示，希望欧洲空间局
不要因此而取消整个任务。但是欧洲空间局对美国国家航空航天局宣称
其符合《谅解备忘录》中"双方应根据各自的资金划拨程序履行义务"
的规定表示质疑，称美国国家航空航天局还未启动资金划拨程序就已经
在预算申请中删除了航天器项目。

———————————

①　对于飞离太阳的航天器而言，如国际太阳极轨任务，使用太阳能电池把太阳能转化为
电能是不可行的。相比之下，放射性同位素热电发生器是一种更稳定的能量来源，并且体积更
小。

双方在纽约的会面未能达成一致意见，2月24日，欧洲空间局管理委员会决定从政治层面上通过成员国大使馆立即采取行动。随后一个阶段活动频繁，欧洲空间局与其成员国代表进行了诸多的信函、电传往来，召开了多次会议并进行了多次探讨。仅12天后，所有成员国就通过了一份《协议备忘录》。3月3日，3名欧洲大使将文件转交至美国国务院，这份文件在美国国务院引起了一定反响，国务院就此问题成立了专门委员会进行研究。根据研究结果，美国国务卿亚历山大·黑格致函戴维·斯托克曼表示支持，斯托克曼在回复中虽然建议美国国家航空航天局调配现有资源，但未在资金上作出任何让步。3月10日，美国国家航空航天局提交国会的1982年预算中亦并未包含关于国际太阳极轨航天器的任何内容。

欧洲空间局与美国国家航空航天局双方代表的会谈步履维艰，特别是美国国家航空航天局的代表，一方面他们要忠诚于管理层，另一方面他们也真诚地希望能够挽救与欧洲方面的此次合作。有一次，面对美国国家航空航天局代表的坚决态度，欧洲空间局代表团选择了严肃地离开房间，会谈未取得任何进展。美国国家航空航天局官员不无讽刺地评论，使用一次性运载火箭发射升空的卫星是无法收回的，但是随着航天飞机的出现，就连这一点也无法保证了。欧洲方面对此只能无奈地苦笑。

既然无法改变美国政府的态度，欧洲空间局将努力的方向转向国会和负责审查预算草案的拨款与授权委员会及分委员会。

（一）另一个欧洲航天器？

除了政治领域的活动外，欧洲空间局官员还奔走于两大洲（美国国家航空航天局官员从未如此），他们提出了能够挽救双航天器配置项目的

122

技术建议，尽管这可能需要美国增加少部分资金投入。建议的主要内容是，希望美国国家航空航天局从欧洲空间局航天器主要合同商德国多尼尔公司采购另一套卫星装置，总价值仅为 4000 万美元，按照之前的计划，美国纳税人应向其航天器投入约 1 亿美元。该卫星装置无消旋平台，因此不能携带成像仪器，但是其优势在于只需要增加少量资金，就能达到接近原任务所需的能力。与此同时，美国工业界也通过不断游说试图挽救美国航天器项目，但是也未成功。执行委员会清醒地意识到事件已经进入一个"雷区"：美国工业界的考虑并不利于欧洲空间局的妥协方案，但这是在资金方面唯一可接受的替代方案。为了消除美方对成本上涨的担心，欧洲空间局承诺多尼尔公司提供的产品价格稳定（根据通货膨胀正进行调整），且欧洲空间局将承担超支的潜在风险。从 3 月到 4 月，欧洲空间局执行委员会多次造访美国国会、国务院、科技政策办公室（Office of Science and Technology Policy，OSTP）和管理与预算办公室，他们还考虑过与国家安全委员会联系。事情甚至发展到了由欧洲空间局向美国国家航空航天局通报其他美方机构在发挥何种作用的程度。

国会持赞同的立场，但遗憾的是并未作出承诺。国会表示愿意作出积极反应，前提是需政府先提议。4 月下旬，美国国家航空航天局最终原则上接受了另外采购一个欧洲航天器的方案，因为再拥有一颗卫星具有重要的科学意义。因此，美国国家航空航天局通知管理与预算办公室，要求为美国国家航空航天局增拨资金，尽管资金总额低于美方原定方案所需资金。不幸的是，尽管作出大量努力，欧洲空间局也收到了不少鼓舞人心的信号，然而局势并未有所发展。美国国家航空航天局不久后将任命新的局长（詹姆斯·贝格斯），局势变得愈加复杂。很多人认为待新局长 6 月份上任后再作决定才是正确的选择，或

者说才更合适。

欧洲空间局收到了一些积极的信号，美国国会批准了在 1982 年美国国家航空航天局预算中为国际太阳极轨任务增加部分资金，原则上足够美国国家航空航天局继续保留双航天器方案。但是，除非管理与预算办公室向其增拨资金，否则美国国家航空航天局不愿继续该项目。此外，美国国家航空航天局还提出，重新调整资源分配将会威胁到有着实质性国际合作的其他两大项目——美国国家航空航天局行星探索战略的关键要素"伽利略"号探测器（与联邦德国共同研发）和整个天体物理学界强力支持的哈勃空间望远镜（与欧洲空间局共同研发）——之一。

很明显，美国国家航空航天局从未试图深入研究另选一个欧洲航天器方案的可行性。9 月 4 日，詹姆斯·贝格斯向埃里克·奎特戈德通告，美国国家航空航天局正在制定的 1983 年预算提案中将不包含另采购一个国际太阳极轨任务航天器的资金申请，并辩解称，能力偏弱的航天器将会减少原定双航天器任务的科研成果。美国国家航空航天局希望通过这种科学论断来证明，欧洲空间局试图将国际太阳极轨任务尽可能恢复到美国国家航空航天局因财政限制撤出前的初始配置的做法是无效的，但是这种论断却带来了相反的结论。

欧洲空间局已经竭尽全力试图改变美国国家航空航天局的决定。1982 年，筋疲力尽的欧洲空间局决定继续实施单航天器任务。同时，将该航天器重新命名为"尤利西斯"号，并计划于 1986 年 5 月发射升空。尽管"挑战者"号事故使已经延宕数年的该项目又推延了四年半多，但是 1990 年 10 月 6 日，"尤利西斯"号还是由"发现"号航天飞机成功发射升空。1992 年 2 月，"尤利西斯"号飞越木星，随后脱离黄道面继续向南飞行，提供了大量关于木星环境的信息。目前，它还在沿着自己的行星际轨道继续运行（图 17）。

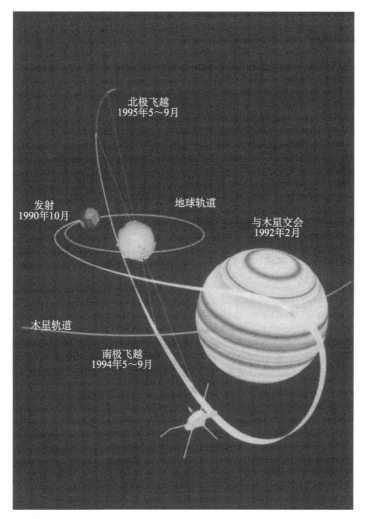

图 17 "尤利西斯"号当前的任务方案，这是欧洲空间局仅运用一颗自身建造的卫星实施的首个探测黄道面以上高日心纬度和在太阳极区的飞行任务

（二）影响

不得不承认，国际太阳极轨任务危机的影响深远，无论是欧洲空间局对美国国家航空航天局的态度还是对一般国际合作的态度。《谅解备忘录》是用来定义合作各方的责任和统管各方义务履行情况的，但显然两方对此的理解是不同的。它对于欧洲空间局来说是具有约束性的，但对于美国国家航空航天局来说不过就是一种"君子协定"。事实上，历史已经证明，每当遇到内部预算难题时，美国政府从不认为《谅解备忘录》与其内部计划有任何关系。鉴于美国年度预算审批程序，任何时候都不能保证一个项目不会被取消。在美国，各项目都要接受年度预算审查，如果存在技术问题或整体财政困难，项目就有可能被否决。国际太阳极轨任务就是这样，尽管项目从科学角度上讲是安全的，但是因为整体预算削减，它还是成为了牺牲品，这使欧美在空间领域的合作首次受到了严重打击。

尽管存在一定的法律困难，再次联手共同进行空间研究的压力还是逐渐战胜了当时的挫败感。但是，合作精神发生了改变。欧洲方面不再愿意扮演从属参与者的角色，变得愈加成熟和自信。未来关于合作事宜的讨论将更加深入，而不是搞"一言堂"。双方将会切实进行磋商，而不仅限于交流信息。

欧洲已经输了一次，但是这使其下定了一切靠自己的决心。1980年，"乔托"号航天器项目日臻成熟。尽管当时曾考虑过与美国国家航空航天局合作实施该项目，由其提供运载火箭和部分科学仪器，但是科学计划委员会最终还是决定由欧洲单方面实施"乔托"号项目，用"阿里亚娜"运载火箭发射，且航天器上不携带任何美国主要载荷。1983年，美国国家航空航天局向欧洲空间局施压，要求重新界定敏感性很高的欧洲方面全面负责的红外空间观测台项目，同时还要求将其与美国国家航空航天局负责的类似项目空间红外望远镜装置（SIRTF）（现已无限期延后）合并。但是其提出的条件是欧洲方面无法接受的，因而欧洲空间局坚持了自己的立场，不肯退让。所以说，"国际太阳极轨任务危机"也不是没有意义的，它使欧洲方面的态度发生了变化。他们从中吸取了经验教训。但是，内在问题仍然存在，与美国方面长期合作的未来笼罩着不确定性和不安全性。

二、国际空间站

国际空间站是迄今为止欧洲空间局与美国国家航空航天局最大的合作任务，也是最大的国际空间合作项目，同时是上述问题的又一例证。1984年，在美国总统公开邀请"友邦与盟国"加入空间站项目后，美国国家航空航天局局长詹姆斯·贝格斯开始与加拿大、日本和欧洲各方进行会谈。他飞越大西洋，造访了欧洲多个国家的首都及欧洲空间局总部所在地，并受到了国际太阳极轨任务危机中欧洲方面负责人埃里克·奎特戈德和当时主席为休伯特·居里安的理事会的接待，但此前在国际太阳极轨任务危机期间他却"忽略"了这么做的必要性。尽管近期的经历让欧洲方面有些受伤，但欧洲还是很愿意接受此次邀请。不过，欧洲要求美国国家航空航天局保证，此次合作能够避免再次遭遇之前的问题。由此，美国国家航空航天局发现欧洲合作伙伴变了，谈判中态度强硬，并尽全力寻求美国方面就其在项目中的义务作出尽可能多的保证。

欧洲方面希望与美国政府签订协议，其中，包括确保对空间站项目多年的资金投入。唯一安全的方式就是美国与代表成员国的欧洲空间局签订条约。这一条约需要经过国会批准，但是，这是一个漫长的历程，

且不能保证最终是否会获批。因此，美方谈判人员自己放弃了这个想法。双方最终均认为《政府间协议》（*Intergovernmental Agreement*，IGA）是更好的解决方案。《政府间协议》将定义合作项目的政治和法律框架，而且该协议的确立自然会使美国国务院牵涉其中。此外，签订《谅解备忘录》也是必要的，它能够阐明美国国家航空航天局与各空间机构（欧洲空间局、加拿大空间局和日本宇宙开发事业团）谈判确定的技术和管理层面的相关分工。为了进一步确保美国履行项目承诺，还得考虑要求国务院、科技政策办公室甚至管理与预算办公室在《谅解备忘录》上签字，从而尽可能确保与整个美国政府达成"谅解"。

在谈判的早期，双方对两个文件意思的理解又出现了不同。因牢记着国际太阳极轨任务的教训，欧洲空间局更重视未受到国际太阳极轨任务《谅解备忘录》不良经历影响的《政府间协议》，而美国谈判人员认为《政府间协议》的重要性与《谅解备忘录》差不多，不过是增加一项需要谈判和签字的麻烦事，并不能确保多年的资金投入。的确，它不能确保什么，那些空间站历史上年复一年的事件见证了这一点。尽管如此，欧洲空间局仍然坚持要求签订《政府间协议》。鉴于签订的必要性，美方试图协商与各合作伙伴分别签订单一的《政府间协议》，但是在欧洲方面的坚持下，不得不接受所有参与方只签订一份《政府间协议》的决定。而这份《政府间协议》成为统领性文件，其他所有文件，特别是《谅解备忘录》都要与其保持一致。

欧洲方面参与空间站项目的资金源自选择性计划"哥伦布"。该项目主要参与方是德国，其资金投入占 38%。项目初期主要包含三个组成部分（图 18）。

（1）"有人照料自由飞行体"（Man-Tendered Free Flyer，MTFF），由欧洲"赫尔墨斯"号或美国的航天飞机提供服务。

（2）搭载在空间站主体结构上的密封舱——"搭载密封舱"（Attached Pressurized Module，APM）。

（3）极轨平台，用于研究地球及地球环境，与美国国家航空航天局总的对地观测系统连接。

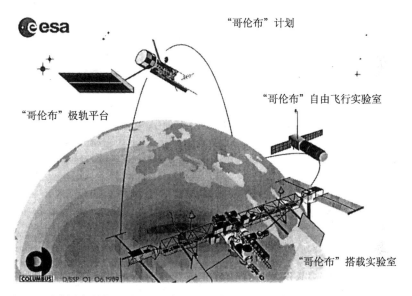

图18　原计划欧洲方面对国际空间站的贡献主要包括代表欧洲空间局"哥伦布"计划的三个组成部分：①搭载在空间站主体结构上的密封舱，专用于材料与生命科学实验；②由美国航天飞机和欧洲"赫尔墨斯"发射的"有人照料自由飞行体"；③用于对地观测的极轨平台。1992年，欧洲空间局部长们决定取消"有人照料自由飞行体"

在这三个组成部分中，美方对"有人照料自由飞行体"最敏感。它是欧洲自主意愿的一个明显标志。1987年11月在海牙举行的部长级会议上，欧洲方面表达了这一强烈意愿。但是，这一意愿在随后两次部长级会议上遭到严重挑战，这两次会议分别于1991年在慕尼黑和1992年在格林纳达召开。另外，美国国家航空航天局还将"有人照料自由飞行

体"视为空间站项目中一个令人尴尬的复杂的存在，认为其会影响美方在开发微重力潜在商业价值中的利益。但是，欧洲空间局态度坚决，拒绝取消这一重要组成部分，因为它是在为自主载人运行铺路，欧洲在这方面仍然缺乏相关知识与技术。美国国家航空航天局作出让步，接受了欧洲空间局将"有人照料自由飞行体"作为一部分参与项目。"搭载密封舱"原不包括在欧洲空间局向美国国家航空航天局的提议内，但由于美国国家航空航天局接受了"有人照料自由飞行体"，作为回报，在后续的谈判中将"搭载密封舱"纳入其中。

在确定各合作方管理职责的过程中也出现了其他一些难题，美国国家航空航天局要求对项目所有组成部分拥有全面控制权，包括欧洲的"有人照料自由飞行体"。欧洲空间局拒绝了这一要求，在海牙举行的会议上，各国部长再次表达了这一强烈意愿，但英国除外，英国方面宣称对"哥伦布"计划不感兴趣。令美方诧异且感到沮丧的是，欧洲的谈判者们在全面分析美方要求和挑战压力方面态度坚决，令人佩服[1]。

从 1985 年 6 月，也就是关于空间站组成部分阶段 B 的《谅解备忘录》生效时，到 1988 年 9 月即合作各方签订《政府间协议》这一段时间，讨论主要集中在空间站运用的法律、商业甚至军事层面。除美国国家航空航天局外，美方主要谈判人员还来自美国技术评估办公室和国防部。而美国国防部在 1986 年夏阶段 C/D 开始时，提出有意将空间站用于军事用途，但未具体说明将会如何使用，这引发了各方强烈反应。美国国防部的参与是开始时没有预见到的，欧洲空间局很难接受其加入，因为其成员国中有不少都是中立国，如奥地利、瑞典和瑞士。在最困难

---

[1] 关于空间站协议早期磋商的历史，请参见琼·约翰逊·弗里兹的著作《国际空间合作模式演变》（Orbit 图书公司，1990 年）。

的时候，又出现了其他问题。由于预算持续收紧，航天飞机年飞行率大幅降低，再加上担心"挑战者"号事故重现，美国国家航空航天局对空间站构造进行了根本性改造。重新设计导致美国与国际各合作方的关系愈加恶化。尽管他们得到重新改造的通知，但却未能参与决策。基本处事方法的不同再次导致了分歧。即使是"自由"号空间站的命名也是美国单方面决定的，而且是由美国总统自己确定的，从未咨询过国际合作各方的意见，而合作各方仅有的"自由"就是接受领导一方的决定。

最后，终于达成了妥协方案，让合作各方大大松了口气：欧洲空间局将继续负责管理"有人照料自由飞行体"和极轨平台，而美国国家航空航天局则继续负责"搭载密封舱"的运行。此外，各方就各组成部分的应用达成了交换协议，欧洲空间局对"有人照料自由飞行体"拥有100％的权益，而美国国家航空航天局可使用其 25％的能力。"搭载密封舱"方面，欧洲空间局拥有 51％的权益，极轨平台的使用和有效载荷的确定则根据共同协议实施。同时达成协议的还有空间站的使用原则即"仅用于和平用途"，这一定义模糊不清，各方完全可以按照各自意图对其进行解读。对某一既定模块的任何研究活动都必须经由其归属方批准才能进行。这一关系微妙期随着 1988 年 9 月 29 日《政府间协议》在华盛顿的签订结束。

在谈判的过程中，欧洲方面表现出的对平等合作的追求和坚决的态度与以往有了很大不同。美国国家航空航天局现在不得不设法应对欧洲方面的新态度。逐渐地，美国国家航空航天局也接受了这种合作理念，双方的合作关系开始改善；大洋两岸的工程师们在工作上的合作一直保持了很高的质量。美国国家航空航天局可能意识到一点，就是国际合作伙伴的参与对于空间站项目来说是一种财富，能够进一步

确保项目的稳定。此外，在预算吃紧、削减赤字的情况下，越来越多的注意力集中到了耗资大且目标明显的美国空间站计划上，其饱受科学界和政客诟病，而欧洲方面对项目的参与将有利于美国国家航空航天局在每年的财政较量中更好地与美国资金管理机构，特别是国会抗衡。

科学家们因担心空间站项目吞噬美国国家航空航天局用于空间科学的资金，所以表达了强烈的意见。在初期预算讨论期间，国会委员会收到了大量信件，都是力劝国会不要因空间站项目需要而削减科学预算。他们尤其担心的是先进 X 射线天文设备（AXAF）、空间红外望远镜装置（SIRTF）和彗星交会与小行星飞越-卡西尼计划①可能面临的不利结果。1987 年，欧洲空间局科学计划委员会决定将"惠更斯"探测器纳入其科学计划（图 19），欧洲空间局在彗星交会与小行星飞越-卡西尼计划中成为重要的合作伙伴。由于缺少科学上强有力的说服力，空间站项目未能得到科学界的一致支持，科学家们更愿看到纳税人的钱用在规模较小且不太显眼的无人项目上。而部分国会议员也希望保留美国国家航空航天局项目中包括科学项目在内的其他预算，以及国家其他的预算，如退伍军人医疗福利、环境项目与低收入和无家可归人群的住房保障等。

---

① 彗星交会与小行星飞越-卡西尼计划（Comet Rendezvous Asteroid Flyby-Cassini，CRAF-Cassini），起初是彗星探测和小行星飞越-卡西尼计划的结合。两次任务都涉及大量国际合作。其中，德国负责建造彗星探测和小行星飞越任务的推进系统，欧洲空间局负责从"卡西尼"轨道器释放到土卫六大气层中研究其高层大气物理和表面特征的"惠更斯"（Huygens）探测器。此外，意大利负责与人造卫星上探测器联系的通信组件。1992 年 1 月，因为遭遇财政困难和需要缩小任务范围，美国国家航空航天局和德国空间局联合决定放弃彗星探测和小行星飞越任务。同时，"卡西尼"项目也大幅简化，但与"惠更斯"的接口却完整地保留下来。

图19　美国国家航空航天局"卡西尼"任务包含了一颗探测土星、土星环
及其卫星的轨道器和欧洲空间局开发的用于探测土卫六及其大气层和表面
的"惠更斯"探测器（欧洲空间局/美国国家航空航天局）

　　1991年上半年是一段特别艰难的时间。空间站的支出从项目启动时
预估的80亿美元不断增加，即使项目规模遭到大幅削减，还是增至370
亿美元。5月中旬，美国众议院拨款委员会决定停止为"自由"号项目
提供资金，理由是"联邦政府预算陷入绝境"，该项目的削减可节省12
亿美元，用于满足当下社会福利需求。

　　同时，欧洲空间局在艰难地为11月在慕尼黑举行的部长级会议作准
备，同时还要尽力向部长们说明"哥伦布"计划的价值。攻击空间站项
目没有任何益处可言。愤怒的欧洲空间局局长让·马里·吕东致函美国
国家空间委员会主席，即副总统奎尔，代表欧洲空间局和签订《政府间
协议》的各成员国对"严重破坏美国国际合作承诺可信度的行为"表示
抗议。他请求副总统"尽力保证与美方在《政府间协议》和《谅解备忘
录》中承诺的相当的经费"。美国国家航空航天局局长理查德·楚利再次

向他保证，美国国家航空航天局将"坚定地全力发展空间站"，他将"竭尽所能向美国国会说明根据各合作方共同重新制订的计划和时间表继续资助空间站'自由号'的必要性"。他在信尾写到，"该计划不仅是我们很多共同利益所在，也是人类进一步开发太空的重要一步，我们期待着继续合作"。欧洲空间局驻华盛顿办事处主任伊恩·普赖克就欧洲空间局在这件事上的观点进行了总结，"美国必须了解一点，那就是'自由'号计划的实施将被视做一个衡量基准，用于判断未来与美国的大规模技术合作是否适当，也用于评估在新项目中美国要求取得空间项目领导地位是否可行"。

1991 年 6 月 3 日，几乎是在维托里·曼诺在国际太阳极轨任务危机最高潮时前往美国的难忘之旅整整 10 年之后，欧洲空间局局长在戴高乐机场登上了协和式飞机。当天晚些时候，他与加拿大和日本代表一起出现在困惑不解的美国参议院议员们面前，为空间站项目作证。美国副总统安慰他说，布什总统和他正全力挽救空间站，而如果空间站被取消，总统将会否决包含美国国家航空航天局拨款的法案。几天后，众议院通过了一份使该计划能够继续进行的修正案，但是是以牺牲美国国家航空航天局的其他几个项目为代价的，尤其是空间科学项目。最终决议将在于 9 月 26 日召开的参众两院联合会议上作出。

在该次会议上，美国国家航空航天局获得批准的预算为 143.29 亿美元，其中美国国家航空航天局要求用于维持项目运行的费用被削减了 14 亿美元。空间站要求的 20.29 亿美元预算获得全额拨款，但代价是牺牲了其他几个项目。美国国家航空航天局、欧洲空间局和德国合作的彗星交会与小行星飞越-卡西尼计划因为拨款比申请的预算少了 1.17 亿美元，不得不推迟至少一年甚至两年时间。本次决策也是在未与欧洲空间局进行任何磋商的情况下进行的。博奈对此反应强烈，并向负责空间科学和应用的副局长伦纳德·菲斯克抱怨称，美方作此决策时根本没有与国际合作伙伴磋商，而大概三年前在美国就项目作出决策时合作伙伴曾发挥了重要作用，美国国家航空航天局显然忘记了这一点。欧洲空间局局长在致美国国家航空航天局局长的信函中再次抗议美国的单方面决策，称欧洲空间局无法接受该单方面决策对财政和进度的影响。在国际太阳极轨任务危机整整 10 年后，历史似乎再次重演。美国国家航空航天局局长在回信中语带嘲笑地建议欧洲空间局为整个"卡西尼"项目延迟两年作好心理准备。欧洲空间局除了屈服和接受别无选择，不过这次多了一个伦纳德·菲斯克的道歉。

抗议并非没有作用。1992 年年初，因为预计美国国家航空航天局的新局长丹尼尔·戈尔丁会要求全面缩减美国国家航空航天局计划，所以菲斯克要求喷气推进实验室的工程师缩小"卡西尼"计划的范围，从总计 17 亿美元的预算中节约大概 3 亿美元。在这一过程中，彗星交会与小行星飞越任务（CRAF）永远消失了，而"惠更斯"则毫发未损。此外，欧洲空间局也全面参与了这次项目的缩减工作。美国国家航空航天局的这次调整确实是本着合作和伙伴精神进行的，并且看来这种精神也在该行星任务以后的开发进程中得到了落实。

新一任美国总统于 1993 年 1 月履职。对于美国国家航空航天局来讲，两届政府交接永远都是一个微妙的时期。卡特与里根总统交接时也是这样，当时美国国家航空航天局取消了国际太阳极轨任务。因此，当时欧洲、加拿大和日本对新任美国总统对于空间站（及空间科学）持什么态度都拭目以待。有传言称，总统的顾问和国会再次要求停止该项目。是的，他们确实对空间站项目持批评态度，其中有些人甚至认为在需要全力削减国家财政赤字的当下，这一没有任何价值的项目简直是浪费，是对整个预算的破坏。尽管美国总统在竞选时大力支持这一空间站项目，该项目为大约 37 个国家提供了 75 000 个工作岗位，但总统的竞选宣言并没有使利昂·帕内塔领导下的美国政府管理与预算办公室改变决定。

利昂·帕内塔建议停止该项目，因为这样可以节省 400 亿美元。在项目命运悬而未决的这一段时间，谣言满天飞，一会儿说空间站项目被取消了，一会儿又说项目预算削减 40%。总统终于下定决心，全额批准美国国家航空航天局申请的该项目 1994 年的预算，即 222.25 亿美元。但同时要求丹尼尔·戈尔丁降低随后几年的预算，并将 1998 年前空间站的年度预算控制在不超过 18 亿美元的水平。如果不对空间站再次进行大规模的重新设计，这一预算水平显然是无法达到的。

3 月初，戈尔丁告诉吕东，总统希望空间站重新设计，"因为这是旨在提高效率和投资回报的整体计划的一部分"。有相当长一段时间，欧洲空间局对"重新设计"的程度都不是很清楚。显然，这一干扰并不会帮助欧洲空间局局长从各个成员国获得继续实施"哥伦布"计划所需的资金。欧洲工业已经着手准备生产其所负责的硬件，但当前美国的不确定性将使其工作至少再延期三个月。局长唯一能做的就是要求美国在对该项目进行任何重组时都一定要有国际合作伙伴的参与。1993 年 3 月 17 日，他在写给戈尔丁的信中称，他们两人必须"尽最大努力遵守《政府间协议》和《谅解备忘录》的条款⋯⋯对项目的任何重新设计都必须根据上述协议的条款和精神实施"。欧洲空间局担心对空间站的任何重新设计可能会影响"搭载密封舱"（APM，哥伦布实验舱）。欧洲空间局局长称，"向国际合作伙伴说明相关制约因素的大小是非常重要的，因为这能表明它对合作的潜在影响"。他引用《政府间协议》第 15 条的内容称"每个合作伙伴应保证按各自资金的划拨程度尽最大努力争取履行义务，使所需的预算获得批准"。加拿大和日本也向美国国家航空航天局局长发出了类似信件，有的语气甚至更为强硬，表达了它们参加重新设计及加入由白宫组建的独立高级专门小组（时称"蓝带小组"）的强烈要求。根据计划，该小组将对重新设计方案进行评估，并在次年 6 月前完成最终报告。

人们越来越怀疑空间站项目最终可能会被取消。总统的科学顾问约翰·H. 吉本斯要求美国国家航空航天局准备三份 1994～1998 年的预算方案，其中一份预算为 50 亿美元，一份为 70 亿美元，另一份为 90 亿美元（当时的空间站项目预计在这一时期耗资 151 亿美元）。对于任何超出 70 亿美元的预算方案，美国国家航空航天局都要用其他项目的预算弥补。蓝带小组的部分成员承认，它们接受的是一项不可能完成的任务。但白宫又安慰称，必须要对空间站进行重新设计，以保持美国工业的健康发展和履行国际承诺。的确，平心而论，负责重新设计的小组和参与该项目的美国国家航空航天局的工作人员展示了良好的国际精神，工作层面的合作进行得非常顺利。欧洲空间局稍微放心了一点——事实上，它要求全面参与重新设计流程的"急切心情"被加拿大和日本视做对空间站项目完整性的潜在威胁，它们更希望欧洲空间局的态度不是那么顺从。

这一新插曲为那些认为不值得为空间站项目付出努力和资金的国家，尤其是法国和德国提供了新的证据。项目的未来还是一个谜。欧洲工业对此非常沮丧，因为如果是这样的话，将有成百上千的工程师失业。

故事不得不就此打住。因为故事虽并未结束，但此时对这一故事结局的任何预测都不会被当真。多数空间官员确实认为空间站已经是一个废弃的项目。

在痛苦的国际太阳极轨任务危机后，至少在 1991 年的困境后，空间站项目的经历表明，美国国家航空航天局已经明白了合作伙伴的意思，因此采取了一种更加国际化的态度。与这一项目相关的最后一个插曲表明，问题已经不在美国国家航空航天局的掌控中，而是到了更高层面，由白宫的政治精英、国会、科技政策办公室和管理与预算办公室掌控。因此，这一项目的国际合作问题已经被政治争论所淹没，成为美国国内问题与地缘政治策略之间的竞争。这时，俄罗斯也卷了进来。在某一阶

段，蓝带小组开始审查将空间站轨道的倾角调整到51.6°（俄罗斯"和平号"空间站轨道的倾角）的可能性，这样可使两个空间站在太空交会，或是由俄罗斯的运载火箭发射。这一奇特的测角效应是冷战结束的标志之一。

读者也许会不解，作为科学家，我们为什么如此关心空间站的命运，为什么会对这一消耗大量空间预算的项目从主要空间机构的规划中消失如此不快？理由很简单，先不谈是否出于科学原因支持或反对空间站项目，我们担心的是这一迄今最大规模的国际空间合作项目的惨败可能会危及未来的国际合作。我们清楚地知道，在当今的环境下，如果没有国际合作，空间科学任务将会更加困难，因为多数项目都不可能由哪一个国家或组织孤立完成，能够在竞争中完成的则更少。

我们还应该从国际太阳极轨任务及空间站中汲取什么教训呢？两个案例均表明，缺乏长期预算，实施需要逐年申请预算批准的国际合作空间项目是多么困难。在国际太阳极轨任务中，欧洲空间局（也许有点幼稚地）曾希望《谅解备忘录》会对双方都有约束力。不幸的是，事实并非如此。在空间站项目中，欧洲空间局更进了一步。成员国认为《政府间协议》能解决之前"尤利西斯"项目面临的问题，但愿望再次落空。事实上，《政府间协议》条款规定，合作伙伴可在提前一年通知的情况下离开项目，但这一规定当时是想防止加拿大、欧洲空间局和日本随意撤出该项目，而不是美国！

国际太阳极轨任务和空间站项目表明，缺乏共识将使项目很容易受到攻击，甚至被撤销。因此，广泛一致的共识是必要条件，而非充分条件，对于耗资巨大的项目而言尤其如此。此外，在项目批准时，或是用美国国家航空航天局的行话，即项目"新开始"时，应制定出更精确、更严密的项目概算。空间站成本从1984年80亿美元的初始概算一直飙升到400亿美元，是原来的5倍。同样的问题，尽管幅度不完全一样，也影响到已经被放弃的超导超大型加速器（Superconducting Super Collider，SSC）计划。这一问题似乎根植于美国相关体系和预算批准流程，人们只关注年度预算，而忽视了预算超支会给未来带来阴影。这导致了不负责任的态度，因为所有的项目有可能在任何一年停下来。少报成本的做法是不可理解的，因为众所周知，每四年举行一次总统选举，届时会采取强有力的措施控制联邦赤字，这显然增加了成本不断攀升的项目被削减预算或被取消的危险。

也许有人会说，直率地说出对项目成本最精确的估计可能会危及项目启动被批准的可能性，但这是欧洲空间局及其成员国的程序。项目批准时就有竣工成本规定，成本增长超过某个限值，成员国可以从项目中撤出。欧洲和美国的项目批准程序是两种完全不同的系统，欧洲的系统旨在确保项目安全和严格的成本控制（参见第六章），而美国的系统关注的则是项目的启动，结果是只顾及年度预算。

理想的情况是，未来的新机制应采取多年预算的方式。也许这首先需要空间国家解决自己内部的政治问题，尤其是解决预算赤字问题，届时它们将再次展示出在空间领域的远见卓识。不过这恐怕也要等到国际关系达成新的平衡之后。对于欧洲科学家来讲，最好的合作伙伴应该视国际合作为一种道德承诺、一种行为方式和一种无可替代的宝贵资产。

第六章

新环境

与欧洲空间研究组织、欧洲运载火箭开发组织和欧洲空间局创立时的情况相比，当今世界格局已经发生了巨大的改变，空间活动的环境也不例外。欧洲是当今世界上最重要的政治和经济实体之一。欧洲空间科学家已经日臻成熟，并逐渐在多个领域走在了最前沿。"阿里亚娜"是全球领先的可扩展系统，可将载荷送入地球同步轨道，其在国际发射市场上的份额超过 50％。作为一个独特的国际组织，欧洲空间局的成功也是欧洲的成功，没有欧洲参与的空间探索和空间利用的未来是不可想象的。

经证明，空间活动可提高成员国的技术和工业水平。在一定程度上，欧洲技术的未来依赖于强大的空间计划。空间领域曾经并且仍然是欧洲联合的重要因素，尤其是通过在科学家、企业家和政治家之间建立起的密切联系。他们几乎无一例外地将空间领域列为欧洲成功的重要因素之一。

但是，在正在形成的国际新环境下，随着苏联的解体和俄罗斯、日本及中国的强劲竞争，欧洲和欧洲空间局正面临严峻的挑战。鉴于欧盟委员会参与制定欧洲空间政策的热情，欧洲空间局正在被迫对自己未来的角色进行分析，更确切地说，欧洲空间局必须对实施《单一欧洲法案》对其工业政策的影响进行分析。

一、"苏联集团"解体

1991 年圣诞节，克里姆林宫顶上的红旗缓缓降下，取而代之的是俄罗斯的白蓝红三色旗。尽管在几百年后这仅是历史的一瞬间，但对于生活在这个世纪的人来讲，这一刻具有重大意义。这一事件标志着两个不同意识形态、宗教、经济、社会和技术领域对峙的结束，而且这一事件本身对未来也有深远的意义。"独立国家联合体"从苏联的灰烬中痛苦地诞生，但要重建秩序和稳定局势尚需时日。

毫无疑问，即使苏联的空间计划不是 20 世纪最重要的技术成果，也是该国最重要的技术成果之一。它为这个空间时代打上了自己的烙印，并对空间科学的发展方向产生巨大影响。像我们这样诞生在 20 世纪 40 年代或之前的人都会记得当我们听到首颗人造卫星在空间轨道中的"哔卟"声时的惊愕，为首个进入太空的地球生物莱卡感到同情和悲痛，以及当尤里·加加林首次在太空行走时我们表现出的敬畏和难以置信。当时，有谁不崇拜加加林呢？这些成果对另一个超级大国在技术方面的努力有着重要影响，而这个超级大国接受并勇敢面对这一挑战……在 1969 年，又有谁不是尼尔·阿姆斯特朗的粉丝呢？当然，高潮过后，公众很快又把目光转向了地球上的事情，只是当美国的"挑战者"号爆炸或苏联的"暴风雪"号航天飞机首次升空时，才再次把注意力转向空间。

苏联的空间计划在难以想象的困难条件下取得了无可争辩的成功，在当时的社会，连复印机都被认为是工人阶级的敌人。后来，随着苏联经济状况的恶化和开放，空间计划饱受诟病。这导致多年来一直担任苏联科学院空间研究所所长且在 1988 年前往美国前一直被认为是苏联空间计划化身的罗尔德·萨格杰耶夫在 1990 年表示："过去我们一直讲空间计划的现实是黑暗的，但未来是光明的。现在我们要说，空间项目的现实是光明的，但未来是黑暗的。"

所有的一切确实是黑暗的，都是政治投机。奇怪的是，苏联时期非常成功的空间计划现在却处于危险之中。因为大幅预算削减，Mars-94 任务（原计划包括在 1994 年向火星发射两颗相同的卫星及向火星表面投送由法国研制的气球）首先在 1994 年被削减为发射一颗卫星，不会发射气球，第二颗卫星可能会于 1996 年发射，随同卫星一起发射的还有气球和一台火星漫游器；后来，1994 年的发射任务也被推迟到 1996 年。该项目的命运有赖于参与项目的西欧空间机构（包括欧洲空间局）可能给予的捐助。预算削减终结了苏联科学院空间研究所和欧洲空间局合作的

Cluster/Regatta 项目①。1987 年对雄心勃勃的苏联 X-伽马光谱观测站充满热情的欧洲高能天体物理学家，现在则担心他们的努力和投入是徒劳的，而且如果要分析这次任务收集的首批 X 射线和伽马射线光子恐怕还要再等几年。

　　苏联的空间计划曾因在应对屡屡侵袭该国的生态灾难方面及勘测苏联国土方面乏善可陈的表现而饱受批评。政府也采取了一些措施，如成立了环境方面的委员会，并在 20 世纪 80 年代从纯军事用途的对地观测计划转向更多地关注环境。现在的俄罗斯人则对敏感的遥感领域的合作表现出异乎寻常的开放、热情和兴趣。

　　但奇怪的是，在欧洲和美国遭到激烈批评的载人空间计划在俄罗斯仍保持了高水平的活动，"和平号"空间站始终有宇航员在工作，并向越来越多国家的宇航员开放。但是，强大的"能源"号运载火箭在经过两次成功的发射后就被束之高阁，曾被包括罗尔德·萨格杰耶夫在内的科学家们严厉批评的"暴风雪"号航天飞机目前仍无明确的用途，并且可能会被封存在锈迹斑斑的拜克努尔航天发射场中。虽然 1992 年成立的俄罗斯联邦航天局在一定程度上增强了空间计划的稳定性和安全性，并大幅简化了与世界其他空间局的相互联系，但是俄罗斯空间计划的未来至少仍是模糊不清的。在这种情况下，一方面，与俄罗斯进行较大范围内的合作显然是有风险的，另一方面，其他国家也许有兴趣利用俄罗斯从苏联继承的强大空间能力。在这一新形势下，没有人能准确预测出世界上任何一个地方空间活动的走向，唯一能够确定的是，推动空间活动发

---

　　① Cluster 与太阳和日球层观测台共同构成了"地平线 2000"的首个基石项目。Cluster 项目包括四颗完全一样的卫星，以三维方式探测地球磁层和电离层。根据合作协议框架，苏联将在 1995 年发射第五颗卫星，名为 Regatta-Cluster，从而构成第五个测量点以增加该项目的冗余。根据计划，Regatta 完全由苏联科学院空间研究所开发，由苏联科学院空间研究所和欧洲空间运行中心共同运行。Regatta 上的仪器由欧洲和苏联联合开发，并应尽可能地与 Cluster 上的载荷相同。

展的主引擎即冷战已经一去不复返了。在空间科学领域，好像除了合作别无选择。尤其值得一提的是，俄罗斯能够扮演或者说是决定扮演的角色将对全球空间活动的未来有巨大的影响。对于美国一枝独大的局面，许多人并不看好。

在这种情况下，欧洲空间局能做些什么呢？1991 年在慕尼黑和 1992 年在格拉纳达召开的部长级会议已经指明了方向。最佳方案显然是继续开放如下领域的对外合作：空间物理、对地观测、生命科学、载人航天及"和平号"空间站的使用。欧洲空间局甚至应该准备与苏联空间计划的继承者进行更多的合作。如果它没有合作意向，还会有其他国家希望与欧洲空间局合作。因此，与俄罗斯的合作显然应采取一个连贯一致、高瞻远瞩的策略。

二、中欧

因苏联的解体，所有的前社会主义国家都迫不及待地想要加入欧洲空间局。但是它们无法在没有准备的情况下迅速赶上欧洲空间局现在的成员国。它们确实都有非常出色的科学家和工程师，但在工业和技术方面尚不具有较强的竞争力。经济的加速和持续增长及重视培育具有竞争力的工业能力可能会缩短等待的时间。因此，必须要签署特殊协议。例如，它们可以成为欧洲空间局服务的用户，或像其他国家已经做的那样，与欧洲空间局签署特殊合作合同。

从文化和历史上看，这些总人口数量约 1.2 亿人的国家都是欧洲的一部分，它们不容忽视，尽管现在看来其全面融入欧洲空间局还很遥远。它们的科学界都有长期的优秀传统，因此，它们能够通过参与欧洲空间局的活动受益只是时间问题。所以，将其全面融入欧洲的政治和经济系统符合欧洲的利益。

因此，欧洲空间局的政策将是逐步开放项目，同时鼓励这些国家发展教育，并在空间科学、地球科学、气象、电信，可能还包括空间技术等方面签署协作关系。通过信息和数据网络将各种研究机构、实验室和档案中心连接起来，也为合作提供了有趣的可能性。为上述机构提供一定数量的研究机会，允许空间科学家和工程师前往欧洲空间局成员国学习，使他们在学习结束返回祖国后能够成为本专业的核心，也是一种非常有效的合作方式。当然，这些措施还不够，还需要相配套的国家政策，以提高其发展速度，使其逐步融入欧洲空间局中。

让这些国家相信全面整合进欧洲空间局已经指日可待的做法是鲁莽和不负责任的。欧洲空间局的经验表明，对于较小的或欠富裕的国家来讲，逐步实现目标，即只有当它们的技术和科学水平足以与大国竞争时再正式加入欧洲空间局，方为明智之选。欧洲的政治环境可能要求加速这一进程，欧洲和欧洲空间局应采取措施应对这一挑战。在当前的形势下，与成为正式成员国相比，特殊合作协议更为现实。另外，地区性合作可能也会有帮助。例如，由意大利和奥地利发起的，关于与匈牙利、波兰、捷克和斯洛伐克一起开发和发射小型地区性卫星的中欧倡议。这类合作给双方带来积极成果的可能性更大，并且也会加速它们全面融入欧洲空间局的进程。

三、欧洲无国界格局中的欧洲空间局

在欧盟成员国批准《马斯特里赫特条约》（即《欧洲联盟条约》）后开始生效的《欧洲一体化法案》（*Single European Act*）可能会使欧盟在空间事务中发挥更大作用。部分迄今尚不是欧盟成员的国家，如奥地利、瑞典、挪威及不久之后的波兰，将会加入欧盟；一些欧盟国家，如葡萄牙和希腊，则表明了加入欧洲空间局或与欧洲空间局合作的意愿。因此，

未来欧盟与欧洲空间局成员国的差异将会缩小。所以，这样一个问题是合乎逻辑的：欧洲空间局能否保持凝聚力，并坚持"协定"中的规定，制定和实施欧洲空间政策。

确实，欧盟正对空间事务表现出越来越大的兴趣。1988年，欧盟发布的一份文件显示了其参与空间事务的意愿。三年后，一个由欧洲空间局前局长罗伊·吉布森领衔的欧盟专家组表示"空间事务过于重要，不宜交给空间组织管理"。发出这一惊人之语是在1991年11月的慕尼黑部长级会议开幕前一个月。吉布森的专家组认为，欧盟应在未来欧洲空间政策的制定和实施中发挥作用，而迄今这完全是由欧洲空间局负责的。但是，欧盟与欧洲空间局存在根本区别。

欧盟要求成员国将主权移交给欧盟委员会。欧洲空间局则并不这样要求，它一直认为欧洲公共计划与国家计划是并存的。欧洲政治家创建的是欧洲空间局，而不是欧洲的美国国家航空航天局。欧盟的目标是建立一个经济和政治统一体，欧洲空间局实质上是一个技术开发机构。的确，欧盟有权管理研究和技术事务，空间活动是其中一个重要组成部分。在吉布森的专家组的报告中，吉布森敦促欧盟委员会为全球越来越激烈的航天工业竞争作好准备，并且明智地建议欧盟委员会与欧洲空间局更好地协调其研究和技术活动。欧盟理事会负责科研的部长于1993年4月召开会议，同意更加注重将空间研究融入更广范围的欧盟委员会自己的研究和开发计划中。

欧洲空间局与欧盟未来的关系牵扯到许多问题。对地观测项目与更好地执行农业政策、执行环境和开发援助政策有关，欧盟委员会当然会对此很感兴趣。欧盟委员会是欧洲空间局在欧洲最大的遥感图像用户，每年花在欧洲遥感工业上的费用为1200万美元。一般来讲，它认为欧盟政策中包含有关空间领域的政策不是理所当然的。欧盟热衷于实施尽可能开放的工业竞争，因此不太赞成严格执行公平返款原则，而这一原则恰恰是欧洲空间局工业政策的基础及欧洲空间局成功的关键因素之一。
目前已经在技术和环境政策方面进行了协调，但未来这方面需要投入越
来越多的精力。欧洲空间局的两位局长赖马尔·吕斯特和让·马里·吕
东，都曾与欧盟委员会主席杰克斯·德洛尔在布鲁塞尔举行过会谈。在
自身方面，欧洲空间局的理事会已经成立了一个特别工作组，以分析
《欧洲一体化法案》及其对欧洲空间局政策的影响，大部分的分析内容都
集中于欧洲空间局和欧盟委员会根据"协定"和《罗马条约》（*Rome
Treaty*）实施各自规定的合法权益。

欧洲空间局实施的公平返款原则显然是欧盟委员会的重点关注对象。
《欧洲一体化法案》旨在建立一个"没有内部边界的区域，确保商品、人
员、服务和资金的自由流动"，其目的是消除成员国市场的国家特性，并
且禁止国家补贴本国企业。欧洲空间局的工业政策倾向于按国家授予合
同，且优先授予那些参与某空间计划的成员国。但欧盟的顾问认为这一
政策妨害竞争，并会降低欧洲航空航天公司的整体竞争力。他们建议欧
洲空间局至少回归到"协定"的精神，面向全球实施公平返款规定，而
不是逐个项目实施。

人们有理由说，欧洲空间局合同并非按国家采购，因为合同是由一
个国际组织在规章规定的范围内授予的。人们也有理由说，欧洲空间局
采购的是研究和开发合同，因此不存在违反贯彻《欧洲一体化法案》的
贸易规则，因为这一贸易规则主要适用于成品的商品化。诚然，主导着
欧盟政策的《罗马条约》也预见到，欧洲空间局会与其他国际组织在研
究和开发领域签署合作协议。即使作为国际组织的欧洲空间局不受欧盟
法律的制约，这样的问题也存在：同时属于欧洲空间局和欧盟的成员国
是不是要受欧盟法律的管辖，是不是允许它们参加欧洲空间局和执行欧
洲空间局的政策。尽管欧盟的开放竞争政策禁止成员国继续实施带有保
护主义色彩的政策，但"协定"则允许成员国执行国家采购政策。部分

成员国已经威胁称，如果它们在授予空间合同方面不得不执行欧盟政策，它们就退出欧洲空间局的活动。的确，当前受欧洲空间局政策保护的许多小公司如果无法得到公平返款的话，可能会在全球竞争市场中遭到淘汰。如果是这样，《欧洲一体化法案》的效果将事与愿违。

值得注意的是工业界对放宽欧洲空间局工业政策的反应。Eurospace 公司（一个由多数欧洲航空航天公司组成的联合会）进行了一项问卷调查，代表欧洲航天工业 92％营业额的 36 家欧洲航天公司参加了这次调查。调查结果显示，掌握大合同的国家即大成员国和仅处于子合同商层面的小国之间的观点泾渭分明。大国的公司在放弃公平返款原则方面没有任何困难，而大多数小国的公司则坚决支持继续执行这一政策。同时，这些小国的公司还反对自由竞争。虽然欧洲空间局大成员国的公司并不反对自由竞争，但它们能够接受旨在保护欧洲市场不被非欧洲工业入侵的妥协方案。因此出现下列情况也就不足为奇：大公司支持欧盟委员会在电信和遥感领域发挥积极作用，而小公司则持反对意见；并且与吉布森的建议相反，所有国家均认为，欧盟委员会根本不应干涉运载火箭、空间站和科学领域。另一方面，通过重组成立欧洲跨国工业实体也许会减轻小国要求严格执行公平返款原则所带来的压力。工业界声称，无论是欧盟还是欧洲空间局在电信领域对其帮助都不够，其担心撤销管制后，美国和日本的廉价设备涌入欧洲市场后的激烈竞争会对其不利。

正如我们所看到的那样，《欧洲一体化法案》已经引起了很大的反响。也许有人会想，如果欧盟和欧洲空间局的成员国完全一致，欧洲空间局是不是还要坚持原来的规章制度。支持扩大竞争的一方可能会倾向于一套新的制度。欧洲空间局的计划对欧洲一体化产生了积极影响，而这一现状可能会受到大国和小国之间日益扩大的分歧的影响。因此，关键是要确保欧洲空间局和欧盟委员会所作的努力最终会促进欧洲的整体利益。

在这一背景下，加强两个组织之间的协调是明智之选。如果能够达成共识，成员国的空间努力将从工业导向型转为政治导向型，这一转变可能会对确保欧洲在未来空间的探索和利用方面发挥更大作用具有积极影响。有两个领域需要特别关注：运载火箭和环境探测。

在运载火箭领域，希望理智能够最终胜出，就像 1992 年美俄关于"质子"运载火箭商品化的磋商所经历的那样。当时，俄罗斯的报价非常低，使得欧洲自己的"阿里亚娜"运载火箭受到严重威胁。欧洲空间局和欧洲经济共同体一致坚持认为，欧洲应出现在谈判桌前，于是二者一起参加了这次谈判。基于对整体欧洲利益及欧洲先进技术和科学成果的透彻理解，明确的职责分工和相互政策的密切协调将能够避免潜在的利益冲突，并将重复建设降至最低。

在地球和环境科学方面，由于没有可参照的计划，人们开始采取众多的举措。欧洲环境局的成立就是其中之一。该机构的职责定位尚不清楚，隶属欧盟委员会。如果欧洲空间局在这个领域得到科学界的支持，制订一个该领域类似"地平线 2000"的规划，那么欧洲空间局将会是一个更强大的合作伙伴。但是由于没有这样的规划，法国、德国和意大利都各自设立了自己的国家项目，这种做法不一定会实现欧洲整体资源的最佳利用。可喜的是，参与国已经通过双边磋商的形式进行了一些协调工作。

另外，已经有人提议成立一个对"去军事目的"进行核查的欧洲空间计划。在这一敏感领域目前正在实施国家项目，欧洲空间局应考虑清楚它是否要始终坚持纯粹的和平目的。但是，不能因为对地观测的重要性，就使关系全球气候和环境变化的重大科学研究从属于更具有商业性、应用性和战略性的项目。

四、慕尼黑，1991 年 11 月 20 日

那些相信征兆的人应该已经猜测到，继 1985 年罗马会议和 1987 年海牙会议之后的第三次部长级会议将是非常艰难的。1985 年 1 月，明媚的阳光透过玛达玛庄园的柏树照耀在罗马俯瞰台伯河的山坡上。1987 年 11 月，笼罩在海牙运河上的寒雾挡住了太阳。而 1991 年 11 月 18 日当欧洲空间局代表抵达慕尼黑时，他们发现这座巴伐利亚城市被冰雪覆盖，非常寒冷。

确实，代表们在慕尼黑要进行非常艰苦的工作。罗马会议上除了增加科学计划预算以外需要作出的决议比较少，部长们只需提出他们关于设立在轨基础设施的计划，与此相关的预算则留到下次讨论。海牙会议的任务则要困难一些，会议决定的事宜包括：继续"赫尔墨斯"项目研究，这是计划由"阿里亚娜-5"发射的欧洲版航天飞机；欧洲参加空间站的"哥伦布"计划；批准"阿里亚娜-5"全面进入研发阶段。但在慕尼黑，部长们要就全部预算达成一致。

在过去一年多的时间里，欧洲空间局一直忙于筹备该会议。难点在于，应实现国家统一后突然遭遇经济紧张的德国的要求，要将基础设施（"阿里亚娜-5"、"哥伦布"和"赫尔墨斯"）的整体成本削减 15％～20％。尽管作出了很大让步，但是执行委员会仅能做到在三年的时间里削减 11％，进一步削减导致的进度延迟将无法接受，延迟本身还会带来额外的成本，从而打乱所有成员国经过长时间磋商达成的复杂的工业任务分配方案。在成员国中，小国也希望尽早实施项目。

海牙会议后，世界格局发生了重大变化，对西欧格局的平衡产生了直接影响：德国统一，"苏联集团"瓦解，苏联解体。造成的直接影响是成员国经济增速放缓，分配给研究的资源减少，并导致空间计划降速及执行海牙会议确定的长期规划所需工业任务的延期，其长期规划整体支出已经较最初规划减少了约 24%。另外，越来越重要的环境问题、温室效应和臭氧层空洞吸引了政治家的注意力，成为新的重点项目。这就是理事会、理事会的工作组及执行委员会在一年多的慕尼黑会议筹备过程中所处的环境。

法国和德国再次将会议开幕前几天刚由所有成员国达成微妙平衡的妥协方案的命运掌握在了自己的手中。两国曾就它们各自心仪的项目"赫尔墨斯"和"哥伦布"有过争论。尽管执行委员会为削减成本作出了努力，但对于项目东道国来讲，预算数额仍然太高。妥协的希望被寄予在 11 月 14～15 日，即欧洲空间局部长级会议开幕前四天。在波恩举行的法德峰会上，德国总理和法国总统确实渴望就欧洲的未来达成协议，为《马斯特里赫特条约》铺平道路。

由西班牙主管工业、商业和旅游业的部长克拉迪奥·阿兰扎地领衔的理事会在前巴伐利亚国王的王宫中举行了会议。装饰房间的天花板和壁画图案寓意为慷慨大方。还有比慷慨大方更适合作为本次会议的主题吗？不幸的是，这一寓意的效果不大，达成共识的过程漫长而痛苦。

经过两天艰难的讨论和磋商（其中多数都是在密室和走廊中进行的），11 月 20 日，代表们最终一致（尽管对于有些代表来讲是不情愿的）通过了两个决议：一个是关于 1992～2005 年欧洲长期空间规划，另一个是关于对地球及其环境的观测。但代表们要求执行委员会将 1992 年的预算再降低 5%，并进一步完善"赫尔墨斯"和"哥伦布"计划的成本概算。上述决议出乎多数代表团的意料，它们都期望法国能够对德国降低成本的要求施加压力。但几天前法国总统和德国总理在伯恩法德峰会上达成的妥协并没有为参加慕尼黑部长级会议的法国部长保罗·基莱斯留下太多余地，去与各方代表就立即实施长期规划的载人航天部分（尤其是德国仍然认为过于好高骛远的"赫尔墨斯"项目）进行磋商。

此外，与会的部长们"认识到需对变化的地缘政治的内容持续进行慎重分析，以评估其对欧洲空间活动的影响"，重申了在成员国内部及与欧洲其他国家（尤其是俄罗斯）强化国际合作的必要性，目的是以最高的效率和最低的成本实施该长期规划。会议确定下次会议于1992年年末在西班牙举行。

最终达成的共识对于部分成员国来说是无法接受的。它们最大的担心来自工业方面：它们原本期望慕尼黑会议将启动长期规划中重要项目的研制。

那么，与也许并不富裕的新合作伙伴（如当时正在快速崩溃的苏联或"苏联集团"的其他国家）的合作真的会节约成本吗？巧妙促进海牙妥协方案的赖马尔·吕斯特难掩失望之情。他怀疑，与当前陷入混乱的苏联人合作，即使能够节约成本，效果也是微乎其微。其他几个代表团也持类似观点，因预计大量工业合同将会落入俄罗斯囊中而不快的小成员国的代表团尤其如此。

但是，还是有乐观的理由的。例如，部长们对欧洲空间局的成就，尤其在科学和对地观测方面的成就表示满意。ERS-1拍摄的地球照片就是这一成就的代表。一个ERS-1模型被放置在国王房间的窗户下方，与会的部长和代表恰好可以直接看到。但1991年11月在慕尼黑确实有些事情发生了变化。返回巴黎后，看着被弄得一团糟的长期规划，执行委员会又冷静地回到了绘图板前。

五、格拉纳达，1992年11月9日

阳光洒在山顶上，山坡上的阿尔罕布拉宫俯瞰格拉纳达市。这里是西班牙当局选定举办下届部长级会议的地方。因为两次会议仅相隔一年，留给部长们改变主意及欧洲空间局准备会议的时间并不长。局长组建了

一个由来自法国航空研究院的工程师让·杰克斯·多尔丹领衔的"战略小组"。该战略小组全力以赴地开始工作。问题在于，是制订一个成员国能够接受的预算较少但同时目标也较低的计划，还是一个仍坚持慕尼黑会议所确定的目标但成本超出预算的计划。

代表们不愿为了控制预算而降低目标，他们认为这样的计划也许对部长们没什么吸引力。他们的观点或许是正确的。一个长期的（并且如果是可能实现的话）目标比高远的计划看起来更可取，并且更有可能使各国政府相信这是一个值得投资的空间项目。但是如何使空间目标与现实财政情况相匹配？多尔丹和他的小组不遗余力地工作，充分发挥想象力，但仍然很难在二者之间找出平衡点。奇迹没有发生。对成员国财政状况的现实估计得出了这样一个不可避免的结论：必须要放弃或无限期推迟慕尼黑计划中的项目之一。几年前还可以接受和负担得起的项目现在已超出了德国和法国的资源承受能力。项目延期并不能解决问题，因为延期只会导致成本增加。新的预算现实带来的是新的限制性规则。谁会是受害者？"赫尔墨斯"或"哥伦布"？法国或德国？国际合作又会怎么样呢？是不是还有希望，尤其是指望俄罗斯人为解决这一难题作出贡献有没有可能？这些都是在欧洲空间局总部所在地巴黎召开的一次又一次理事会会议上需要解决的问题。

与此同时，法国和德国的财政状况并没有好转。1992 年接替保罗·基莱斯出任研究和空间部部长的休伯特·居里安在追求远大目标方面远不如他的前任坚决。同时，指望德国增加资源以完成慕尼黑会议确定的目标是没有希望了。不但"赫尔墨斯"需要彻底重新设计，被德国部长海因茨·里森胡贝尔视若珍宝的"哥伦布"计划的许多组件也是如此。为了迎接将于 1993 年 3 月举行的议会选举而面临降低法国财政预算赤字压力的休伯特·居里安承认，他的政府无法实施"赫尔墨斯"项目。这令来自法国空间局的两位高层让·丹尼尔·利瓦伊和萨科特大失所望。

他们曾为了将这一项目纳入欧洲空间局的计划中作出了艰苦的努力，并且仍在为推动这一欧洲长期计划而努力，因为他们认为欧洲应该有这样一个雄心勃勃的项目。反过来，德国也不得不承认，"有人照料自由飞行体"（欧洲独立的象征）将无法继续，不得不将其放弃；曾招致英国部长肯尼斯·克拉克猛烈批评的海牙会议的宏伟目标，也不得不屈服于冷战后欧洲新的政治和经济形势。

态度的突然转变令小国非常沮丧，它们一直视法国为领袖，是整个欧洲空间计划的灵感之源，因此也承载了它们对本国工业的希望。尤其是法国的长期空间盟友比利时非常痛苦，在表达失望的同时坚决捍卫欧洲合作。西班牙对资助俄罗斯工业的做法也感到不悦，尽管这是学习如何与俄罗斯合作唯一可靠的方法。但是，最终务实和理智又逐渐回到了理事会的会议桌上。

激动人心的谈判直到最后一刻才到来，参与方包括执行委员会、理事会主席、东道主西班牙的代表团，以及会议主持人休伯特·居里安。事实上，当部长们在格拉纳达的议会中心磋商时，与会人员已或多或少地就提议内容达成一致。因此，会议的多数时间都用于讨论看似细枝末节的事宜，如对一些国家会费的追溯性调整。这是成员国非常敏感的一个问题，而按照这一规定，本国货币刚刚经历过贬值的意大利、英国和西班牙则需要支付更多的钱给欧洲空间局才能达到按会计单位计算的本国会费额。自然，会议相当一部分时间也用在了讨论神圣不可侵犯的工业返款问题上。与会的部长们抓住这次会议的机会，提出在 1994～1996 年，再次将需要采取特殊措施的系数阈值从 95％提高到 96％。

会议结束前各方终于达成了共识，预计分配给本国企业的工作将会大幅减少，这对于成员国来讲这是一个痛苦的决议。"哥伦布"号"有人照料自由飞行体"从计划中删除，"赫尔墨斯"的研究工作要在 1993～1996 年期间进行重新调整，合作方案有三种：一种是与俄罗斯合作，一种是与美国合作，一种是欧洲独立完成该项目。和慕尼黑会议时一样，与会的部长们再次强调了地球和环境问题的重要性。因此，他们决定启动"哥伦布"极轨平台项目，项目从两颗极轨道卫星开始，Envisat-1 用于研究环境，Metop-1 用于研究业务气象学。与上次一样，本次会议上也未讨论空间科学问题，但部长们要求欧洲空间局局长在 1995 年召开下次会议时提交一份欧洲空间科学长期规划。

这次会议最重要的政治决定也许是与俄罗斯的合作及对"赫尔墨斯"项目的后续计划的联合研究。从某种程度上讲，这一决定为空间活动的全球化开辟了道路。配套的财政措施是，会议决定授权欧洲空间局局长向俄罗斯工业授予价值 1.1 亿会计单位的合同以进行联合研究。慕尼黑会议提出的削减大型基础设施项目成本的目标当然没有达到，但考虑到俄罗斯空间能力已经基本上土崩瓦解的实际情况，这一目标能实现吗？

在欧洲空间局和欧洲的国际空间合作史上，1991 年的慕尼黑会议和1992 年的格拉纳达会议是一个转换点。欧洲空间局之前被定位为继美国和苏联之后的第三方，在苏联解体后被推到了世界第二的位置，但欧洲空间局能给这一位置带来荣誉吗？

六、未来如何合作？

在格拉纳达会议上，令与会的许多同伴吃惊的是，英国部长建议理事会支持成立全球空间局，理由是这样一个机构将成为更广泛国际合作的平台，而国际合作应是未来空间活动的主流。有人对之感到惊奇，有人则一笑置之，因为这一概念过去曾在多个不同的场合由多位政治家提起过。但是，理事会接纳了这一提议，并提出空间科学机构间咨询组及空间局论坛（在国际空间年由全球约 30 个空间机构和相关组织组成的团体）可作为未来全球空间局的样板。显然，格拉纳达孕育了所有空间计

划全球化的思想。

　　未来欧洲国际合作首先依赖于欧洲空间局管理下的强大的空间计划。因此，在下个千年（即 21 世纪）前夕，面对一系列新挑战，在世界格局的发展出乎所有人意料的大环境下，欧洲空间局必须要对计划进行重新分析，评估现在如何能使成员国以最有效的方式合作并确定合作项目。

　　所有空间项目的发展速度都比项目资金的增长速度更快。因此，未来空间计划最重要的特征是必须开展越来越多的国际合作。在主要的空间项目上，参与各方很可能是相互依存的关系。对于欧洲、美国、俄罗斯、日本及它们的合作伙伴而言，除了合作几乎别无选择，对于它们来讲重要的是要接受这种相互依存。美国应通过忠实履行长期承诺和遵守国际协议从而成为一个更可靠的合作伙伴。美国必须承认，保护其"领导地位"对其合作伙伴并不一定具有吸引力，它应该更多地遵守"合作伙伴"概念。有时美国可能是领导者，有时可能不是。正如欧洲空间局驻华盛顿办事处主任伊恩·普赖克所言："领导权必须靠今天的实际行动而非昨天的成绩来争取。"欧洲则应在确定目标后学会用一个声音说话，因为一个声音能够显示出欧洲各国之间的协调效果。欧洲人应明白他们已经成熟，也许下一次就轮到他们来主导这一系统。只有显示出足够的决心和雄心，他们才能成为更可靠和值得尊敬的合作伙伴。而俄罗斯人则应进一步稳定国内局势，并尽快停止对其他国家善举的依赖。但是，政治、经济和组织的不确定性仍为俄罗斯空间计划的未来蒙上了阴影。

　　如果 21 世纪欧洲、美国、日本和俄罗斯还想要继续雄心勃勃地探索空间，那么都应改变其目前的某些做法。一味坚持当前的运行方式可能会把未来全球的空间活动限制在一个较低的水平，并且资金效率低下，或者仅限于孤立项目。

　　在这一方面，有一点我们再怎么强调都不过分：参与空间站的工作仅是对未来参与类似规模项目的一次测试，如重返月球、探测火星或任何其他难度类似的科学任务。如果因为决策时没有合作精神，或者没考虑到所有合作方的预算或政治情况而导致项目失败，那么要合作伙伴很快再参与类似项目恐怕会很困难。但是，这种大型基础设施项目的维持不能以牺牲其他项目为代价，因为如果是这样的话，我们将会失去所有用户群和公众的支持。欧洲空间局根据格拉纳达会议时部长们的建议而成功参与俄罗斯的载人航天计划也是对未来合作的一种测试。不过，由于受资金限制，即使欧洲空间局能够参与，也无法在未来可能的探测任务中扮演主要角色。但是，准备参与和响应未来可能出现的、任何有益且务实的合作项目是非常重要的。

欧洲空间局也必须要调整自己，适应当今欧洲变化的形势，仔细观察在当今世界格局风云变幻的大背景下，主要合作伙伴如何重新定位其合作关系，并以开放和建设性的姿态应对因日本、中国等国家在空间领域的崛起而带来的挑战。但是，想要至少保持且最好是提升欧洲空间局成立 30 年后在数个空间领域达到的领导地位，成员国最高层次的政治和财政支持及决心是至关重要的。

结束语

　　在空间活动的整体发展过程中，欧洲空间局是一个特征鲜明的个例。也许有人会问，为何不将欧洲空间局作为更大范围内开展国际合作的示例。回顾过去，欧洲空间局确实非常成功。从自欧洲空间研究组织成立以来发射的科学和应用卫星数量（表 2 和表 3）就能判断这一点，与美国和苏联自空间时代开启之初迄今发射的任务数量相比，这一数字当然算不上多，但欧洲空间局的任务没有大的失败，并且许多都很成功。因为这一点，加上这些任务有较高的科学和技术水平，欧洲空间局无疑是当今世界上最强的三大空间组织之一。对欧洲空间局成果更详细的分析表明，在有些领域欧洲空间局甚至居于领先地位。欧洲的运载火箭"阿里亚娜"已经占领了全球商业市场 50% 多的份额；"乔托" 1986 年在观测哈雷彗星时的精彩表现，以及 1992 年在距星核仅 200 千米处成功飞越 Grigg-Skjellerup 彗星，都将在空间探索史上留下浓墨重彩的一笔；欧洲空间局成功开发了业务气象卫星，该卫星是欧洲乃至美国气象预报成功的关键（1993 年，Meteosat-3 向西移了 75°以取代出现故障的 NOAA 卫星）；欧洲空间局的首颗对地观测卫星 ERS-1 通过强大的合成孔径雷达，

每天 24 小时透过云层观测地球，这也是毋庸置疑的成功；包括现在已不在欧洲空间局掌握中的空间实验室，也是唯一一个在同一次飞行中能够进行微重力、天文和地球物理实验的多功能综合空间设施。

欧洲空间局的成功是与成员国之间携手合作及通过欧洲空间局实现其项目欧洲化的坚定政治决心密不可分的。没有成员国的政治支持，欧洲空间局现在可能已经不复存在。我们希望这种支持能够继续，欧洲空间局能够继续在这个变化的世界中存在。欧洲空间局的成功还要归功于其工业政策，其工业政策的存在和正确实施促进了成员国的技术发展，帮助扩大和增强了它们的工业基础。当然，想要加入欧洲空间局并从合作中获益的国家，其自身应已经具备实施该工业政策的工业基础。显然，世界上并不是所有的国家都拥有这一基础，因此，即使欧洲空间局可以作为一个样板，在没有工业基础的国家中也是无法推广的。

欧洲空间局之所以是一个与众不同的成功示例，其原因还在于，从它还是一个研究和开发机构时起就已建立了自己的预运行实体，这些实体目前仍在为广义的欧洲提供服务。例如，阿里亚娜空间（Arianespace）公司实现了"阿里亚娜"运载火箭的商品化，这是首个这一类别的私营公司。正如我们所看到的那样，尽管面临与美国及现在的俄罗斯和中国越来越激烈的竞争，该公司仍非常成功。欧洲气象卫星应用组织（Eumetsat）当前正在运营欧洲空间局的 Meteosat 气象卫星，为多数欧洲国家的气象局提供气象数据。得益于其提供的服务，自 1980 年以来，欧洲的气象预报质量已经有了大幅提升。同样，Eutelsat 也在为几乎所有欧洲国家提供空间电信、广播和高清电视服务。最后，欧洲参加了有 63 个成员的国际海事卫星组织（Inmarsat），该组织的卫星提升了海上通信质量，其中欧洲工业提供的服务约占总量的 67％。

欧洲空间局还较好地保持了强制性计划与选择性计划之间的平衡。显然，如果像欧洲空间研究组织时期那样仅有纯粹的强制性科学计划，欧洲空间局是无法生存的。事实上，这正是促成欧洲空间局诞生的原因。但是，反过来，如果仅有纯粹的选择性计划，欧洲空间局就能从其发展历史上的多次危机中存活下来吗？诚然，一个范围有限、有时间限制的特定强制性计划的机构可在纯选择性计划框架内运营，但一个有更长强制性计划的机构则需要稳定性，并须制定能够确保其持续存在的规则。强制性计划（科学计划）通常被称为欧洲空间局的脊梁，为欧洲空间局提供了实施所有活动所需的稳定性。没有强制性计划，欧洲空间局要想把所有成员国凝聚在一起将会更困难。相反，科学预算的增加亦得益于选择性计划数量的大幅增长，当然也得益于科学界对"地平线2000"长期规划的大力支持。但是，尤其是1991年慕尼黑部长级会议之后，人们也许要问，如果将基础设施项目的命运以及欧洲空间局的稳定性主要置于资金贡献最大的成员国手中，那么选择性计划概念是不是已经走到了尽头。在慕尼黑和格拉纳达会议后，欧洲空间局是不是已经因为这种不平衡的结构而接近"裂变"状态，就像一个因为质量过大而不稳定的原子核那样？

当然，创建欧洲空间局并将其发展至今天这样的规模并非易事。在本书中已经讲到了曾遭遇的一些难题：政治、工业及其他方面的困难。但我们所描述的欧洲空间局仍不失为一个榜样，一个与众不同的榜样，多个主权国家在空间领域携手合作、一致努力的榜样。通过扩大国际合作范围向加拿大和芬兰及可能很快还会向其他国家开放合作计划，欧洲空间局能够证明，吸引更多国家参与并创建首个空间研究全球化核心是可能的。

尽管并不完美，但欧洲空间局是唯一一个证明多个国家可在空间领域一起工作、共同规划的组织。在此，将欧洲空间局作为一个示例供大家思考。欧洲空间局也曾艰难度日，但最终成功了。证据就在那里，榜样确实存在。

Beatle, I. J. , and J. de la Cruz. "ESRO and the European Space Industry. " ESRO
   Bulletin, 1967, no. 3, pp. 3-8.

Bonnet, R. M. "Towards the Selection of ESA's Next Medium Size Scientific Project
   (M2) . " ESA *Bulletin*, 1991, no. 66, p. 37.

Bonnet, R. M. *Vanishing Horizons*. Cambridge: Cambridge University
   Press, 1994.

Cavallo, G. "Second Special Colloquium of the Science Programme Committee on
   National Space Science Programmes. " ESA Science Programme Committee
   Document ESA/SPC (91) 36, 1991.

"Convention of the European Space Agency and Rules and Procedure of ESA Council. "
   Scientific and Technical Publication Branch of ESA.

"Delegate Bodies—Programme Boards—Terms of Reference. " ESA Council Document
   no. 17, 1989.

Dondi, G. "The Agency's Industrial Policy: Its Principles and Their Implementation since 1975. " ESA *Bulletin*, 1980, no. 21, pp. 76-83.

"The European Community—Crossroads in Space. " Report by an advisory panel on the European Community and Space, Commission of the European Communities, EUR, 4010, 1991, pp. 1-44.

Johnson-Freese, J. *Changing Patterns of International Cooperation in Space.* Florida: Orbit Book Company, 1990.

Keynan, A. " The United States as a Partner in Scientific and Technological Cooperation: Some Perspectives from Across the Atlantic. " Consultant Report for the Carnegie Commission on Science, Technology, and Government, 1991.

Krige, J. "The Early Activities of the COPERS and the Drafting of the ESRO Convention (1961—1962) . " ESA HSR-4, January 1993, pp. 1-45.

Krige, J. "European into Space: The Auger Years (1959—1967) . " ESA HSR-8, May 1993, pp. 1-74.

Krige, J. "The Launch of ELDO. " ESA HSR-7, March 1993, pp. 1-36.

Lord, D. R. "Spacelab—An International Success Story. " NASA SP 487, NASA Scientific and Technical Information Division, 1987.

De Maria, M. "Europe in Space: Edoardo Amaldi and the Inception of ESRO. " ESA HSR-5, March 1993, PP. 1-36.

Marsh, D. " The ESRO Large Astronomical Satellite (LAS) Project—The Observatory in Orbit. " *Journal of the British Interplanetary Society*, 1989, Vol. 22, pp. 189-201.

Massey, Sir Harrie, and M. O. Robbins. *History of British Space Science.* Cambridge: Cambridge University Press, 1966.

Micklitz, H. w. , and N. Reich. *Legal Aspects of European Space Activities.* Baden-Baden: Nomos Verlagsgesellchaft, 1989.

"Return to the Moon—Europe's Scientific Priorities for the Exploration and Utilisation of the Moon. " ESA-SCI (91) 8, 1991.

Russo，A. "The Definition of a Scientific Policy：ESRO's Satellite Programme in 1969—1973. " ESA HSR-6，March 1993，pp. 1-55.

"Space Science—Horizon 2000. " ESA SP 1070，1984.

"Wishes of Industry Regarding ESA Industrial Policy and the Role of the EC in Space after 1992. " Eurospace Strategic Survey，step 1，1989.

" World Space Industry Survey—10 Years Outlook—1991—1992. " Paris：Euroconsult，1991.

欧洲空间研究组织和
欧洲空间局航天器

ESRO-2B 首颗欧洲空间研究组织卫星，用于研究宇宙射线和太阳 X 射线。重量：75 千克。遥测数据传输速率：128 比特/秒。

ESRO-1A 用于研究极光和电离层的卫星。重量：86 千克。遥测数据传输速率：320 比特/秒。

HEOS-1 欧洲空间研究组织首颗大椭圆轨道卫星，用于研究磁层和日地关系。重量：108 千克。遥测数据传输速率：12 比特/秒。

ESRO-1B 用于研究极光和电离层的卫星。重量：86 千克。遥测数据传输速率：320 比特/秒。

HEOS-2 用于研究极隙区、中性点和行星际介质的卫星。重量：117 千克。遥测数据传输速率：32 比特/秒。

TD-1 欧洲空间研究组织首颗天文卫星，用于研究紫外线、X 射线和伽马射线天文学。重量：471 千克。遥测数据传输速率：1700 比特/秒。

ESRO-4 用于研究地球大气层、电离层和极光粒子的卫星。重量：115 千克。遥测数据传输速率：10 240 比特/秒。

COS-B 欧洲首颗伽马射线天文学卫星，可从大椭圆轨道扫描银河系，测量弥散辐射并观测 25 个分离的辐射源。角坐标分辨率为 2°~5°，寿命期约为 7 年。

GEOS-1/2 GEOS-1 为磁层研究卫星，原计划在地球同步轨道运行，但因运载火箭故障最后运行于 12 小时椭圆轨道。于 1977 年 4 月 20 日由"德尔塔"运载火箭发射，1978 年 6 月 23 日停止运行。接替它的是 GEOS-2。GEOS-2 为第二颗该型卫星，于 1978 年 7 月 24 日发射，运行平稳，直至 1985 年停止使用。

ISEE-2 与美国国家航空航天局合作开发的用于研究日地关系的卫星，三颗卫星同时运行，这是其中之一。这是欧洲空间局与美国国家航空航天局成功合作的典范。于 1977 年 10 月 22 日发射，运行 10 年。

IUE 国际紫外线探测器是欧洲空间局、美国国家航空航天局和英

国共同开发的项目,是欧洲空间研究组织始终停留在图纸上的大型天文卫星的后续。于 1978 年 1 月 26 日发射,至今仍在使用,是最成功的空间天文学项目之一,为研究紫外线领域的多种天文现象提供了翔实的数据。这是另一个成功的国际合作范例。

Exosat 欧洲空间局首颗 X 射线天文卫星,被多个科学团体用做观测站。在一个远地点为 190 000 千米、运行周期为 90 小时的大椭圆轨道上运行,该卫星可详细研究大量 X 射线源的变化情况。Exosat 还发现了所谓的准周期性天体。

"乔托"哈雷彗星项目 欧洲空间局的首个深空项目,也是由空间科学机构间咨询组协调的哈雷彗星研究国际合作中的重要组成部分。"乔托"于 1986 年 3 月 14 日在距离彗核仅 600 千米的地方对彗星进行了交会。在休眠 6 年后,"乔托"卫星被重新激活,1992 年 7 月 10 日被用于在距离彗核仅 200 千米处与 Grigg-Skjellerup 彗星进行交会。现在"乔托"卫星再次进入了休眠期,并将于 1999 年靠近地球①。但是,其剩余燃料可能不允许执行第三次彗星观测任务。

"依巴谷" 世界上首颗天体测量卫星,被用于对约 300 000 颗特定恒星进行精确位置测量,一般每一视差与位置分量的精度为 0.002″,天体自行运动的年精度为 0.002″。通过卫星上搭载的恒星传感器精确三色光度测定,获得了约 1 000 000 000 颗恒星精度在 0.1″ 以内的位置。"依巴谷"于 1989 年 8 月 8 日使用"阿里亚娜"运载火箭在法属圭亚那空间中心发射升空,不幸的是,其远地点发动机未能成功点火,被留在了 600 千米×35 000 千米的轨道上。尽管存在这一严重缺陷,"依巴谷"在 1993 年停止使用前已经完成了其科学目标。

HST 哈勃空间望远镜是迄今天文学领域规模最大的项目。该项目

---

① 校者注:"乔托"号已于 1999 年第二次飞掠地球。

172

由美国国家航空航天局与欧洲空间局合作完成,后者提供重要科学仪器——暗天体照相机、太阳能电池阵,并在巴尔的摩空间望远镜科学研究所提供运行支持。作为回报,欧洲空间局得到了最低 15% 的观测时间。事实上,欧洲天文学家的观测时间至少为 20%。尽管主望远镜存在镜面像差,但哈勃空间望远镜已经观测和发现了诸多重要现象和天体。1993 年 12 月的保养维修恢复了哈勃空间望远镜的全部能力,使其成为迄今性能最强的空间望远镜。

"尤利西斯" 起初称为"黄道外任务",后更名为"国际太阳极轨任务",是首个离开黄道面的航天器。在 1992 年 2 月飞越木星后,于 1994 年 5 月至 9 月及 1995 年 5 月至 9 月分别飞越太阳的南北极,目的是研究行星际介质随日面纬度的分布。这一任务原本包括两艘航天器,一艘是欧洲的,一艘是美国的,但因美国于 1981 年决定放弃,现在只有一艘航天器。该任务现在仍然是一个合作项目,美国国家航空航天局负责提供发射、放射性同位素热电发生器及部分载荷,欧洲空间局负责航天器、运行及其余的载荷。"尤利西斯"于 1990 年 10 月 6 日发射。为了能够完成一个完整的太阳活动周期的探测,其任务可能会被延长到 1995 年后。

ISO 欧洲空间局的红外空间观测台是全球在建规模最大的红外项目。该项目将使用低温制冷、波长 2.5~500 微米的 60 厘米望远镜观测天体。载荷由四个焦平面仪器组成:一架照相机、两个光谱仪和一个光度计。该项目将向天文界开放。根据与日本和美国达成的协议框架,日本宇宙科学研究本部将帮助欧洲空间局实施第三个班次的观测任务,美国国家航空航天局将提供另一个地面站,以对 24 小时轨道进行全面覆盖。计划于 1995 年 9 月使用"阿里亚娜-4"运载火箭发射。

STSP 日地科学计划是"地平线 2000"的首个基石项目,该项目包括两部分:SOHO(太阳和日球层观测台)及 Cluster。其中,Cluster 是

旨在对地球等离子层的结构进行三维研究的四个航天器。这是一个欧洲空间局与美国国家航空航天局的合作项目，由欧洲空间局主导。计划于1995年7月使用"阿特拉斯"火箭发射太阳和日球层观测台，1995年12月使用首枚"阿里亚娜-5"运载火箭发射Cluster。太阳和日球层观测台将发射至环绕拉格朗日点L1的晕轨道，四艘Cluster航天器将在介于4～22倍地球半径的极地轨道上运行。

"惠更斯" 该项目是美国国家航空航天局"卡西尼"任务的一部分，"卡西尼"任务包括美国国家航空航天局的"卡西尼"土星轨道器和欧洲空间局的"惠更斯"大气探测器。该大气探测器将用2个小时穿越土卫六大气层并最终着陆到土卫六上。该项目以1655年发现土星的荷兰天文学家的名字命名。计划于1997年10月使用"大力神/半人马座"运载火箭发射，预计于2004年抵达土星[①]。

XMM X射线多镜面任务是一个高通量分光镜观测台。该项目是"地平线2000"长期规划的第二个基石项目。该观测台将向天文界开放。XMM计划在运行周期为24小时的大椭圆轨道上运行，其分光镜具有较高的敏感性和光谱分辨率。该望远镜由三个相同的组件组成，每个组件都是在58个掠入射镜的基础上制造的。计划于1999年使用"阿里亚娜-4"发射[②]。

"罗塞塔" 该任务包括一项彗星交会任务及将12组表面科学仪器投放到彗核上，以就地对彗核上的原始物质进行研究，确定其结构、化学成分和特性。该项目是"地平线2000"的第三个基石项目。该探测器将于2003年发射[③]，目的是维尔塔宁（Wirtanen）彗星，途中"罗塞塔"

---

① 校者注："惠更斯"号已于1997年10月15日发射，于2004年7月到达土星周围。
② 校者注：XMM-Newton任务已于1999年10月10日发射。
③ 校者注："罗塞塔"已于2004年3月2日发射。

还将观测数个小行星。

FIRST 远红外和亚毫米空间望远镜是波长为 100～1000 微米的 3 米望远镜，使用外差法和直接探测技术。其焦平面仪器将包括一个多频外差接收器和一个远红外接收器。该项目是"地平线 2000"第四个基石项目，计划于 2005 年使用"阿里亚娜"运载火箭发射①。

----

① 校者注：后更名为"赫歇尔空间天文台"（Herschel Space Telescope），已于 2009 年 5 月 14 日发射。

"地平线2000"长期规划

空间科学长期规划"地平线 2000"（在欧洲空间局特殊出版物 SP-1070 中有详细描述）于 1984 年由多个科学团体完成，欧洲空间局于 1985 年批准该规划。欧洲空间局成员国承诺，今后约 10 年的时间里，每年将科学计划的预算增加 5%。这使该长期规划的实现成为可能。

"地平线 2000"包括四个大型、六个中型及多个可能实施的小型项目，涵盖空间科学的所有主要领域。该长期规划的另一内容是针对"地平线 2000 之后"任务的技术研究。

规划的重点是四个所谓的基石项目（按 1984 年的经济状况计算，每个的成本约为 4 亿会计单位），项目规划之初即已经确定的这些重要项目的科学目标涵盖欧洲空间科学研究人员关心的所有领域。

太阳系探索方面：

■ 日地科学计划（STSP）包括两个中型（M 级）任务，一个是太阳物理学任务（SOHO），一个是磁层物理学任务（Cluster），二者均将于 1995 年发射。

■"罗塞塔"任务，旨在研究原始彗星物质，以对太阳系的早期历史进行详细分析。

天文学/天体物理学方面：

■ 高通量 X 射线光谱学任务——X 射线多镜面任务（XMM），是一个设施级 X 射线天体物理学观测台，预计寿命为 10 多年，计划于 1999 年发射。

■ 远红外和亚毫米空间望远镜（FIRST），一项外差和直接探测光谱学任务，重点为基本尚未探测过的 100～1000 微米电磁谱范围。

基石项目的总科学目标在"地平线 2000"规划之初就已经确定。而中型和小型项目则是通过遴选逐一挑选出来的。一个中型项目的成本约为 2 亿会计单位（按 1984 年经济状况计），而一个小型项目的成本则要少很多。

首个被选定的中型（M 级）任务是"惠更斯"，该探测器将于 1997 年 10 月与美国国家航空航天局的"卡西尼"号航天器一起发射。"卡西尼"将把"惠更斯"探测器带到土卫六附近。被释放后，"惠更斯"将穿过土卫六的大气层，最后于 2004 年着陆在土卫六的表面。

候选中型任务将从欧洲空间局征集的任务建议中选出。中型项目的遴选包括三个步骤：

（1）从科学界建议的任务中最多选择六个进入评估阶段。

（2）从评估的项目中最多选择四个进入阶段 A。

（3）从阶段 A 的任务中选择一个实施。

推荐工作由负责天文/天体物理学的天文工作组、负责太阳系探索的太阳系工作组及负责基础物理学的特别顾问小组完成。之后，以上所述的第一步和第二步由空间科学咨询委员会负责。

从步骤一到步骤二，候选项目的数量逐渐减少，进入下一阶段的任务要开展更深层次的研究。两个研究阶段旨在确定项目的科学目标，科学载荷的模样、航天器、运载火箭、运行及协作空间机构之间的分工（如果适用），以对进度和竣工成本进行较为准确的评估。

评估阶段的研究通常持续 6 个月，接下来是为期 3 个月的巩固阶段（consolidation phase）。在阶段 A，研究通常持续 12 个月，接下来又是为期 3 个月的巩固阶段。巩固阶段的工作是进行成本和技术审查、成本动因、可能的任务范围缩减，并对国际协作计划进行微调。

评估阶段的所有技术工作都在内部进行。在阶段 A，欧洲空间局通过与工业界签订合同，由后者实施非竞争性技术研究。在两个研究阶段，欧洲空间局从外部选择所属领域的顶尖科学家组成一个研究小组，以便就科学问题向欧洲空间局提出建议。

通过科学家在所有研究阶段及遴选步骤中的全程参与，以及外部科学家与欧洲空间局内部科学家及技术人员能力的结合，使从开始建议的多个任务中选择出最佳的一个成为可能。

欧洲空间局正在针对下述可能的任务进行技术研究，以便在更遥远的未来，即"地平线 2000 之后"，开展如下任务：

■ 太阳探测器 Vulcan，该探测器将能够在距离太阳仅为太阳半径 4 倍的地方对太阳进行观测。

■ 火星探测任务的相关部分，特别是一个硬着陆器和半硬着陆器网络、一个火星探测器和一个火星轨道器。

■ 通过二维干涉从空间拍摄天文图像。

■ 月球作为基地，提供月球以外、月球上及月球本身的科学研究机会。

现阶段，这些研究并不代表欧洲空间局已经决定要在相关科学领域创立新的大型空间科学项目。

Asca X 射线天文卫星（日本） 100

BION-10 航天器（俄罗斯） 99

COS-B 26，37，89，117，171

D-1（德国） 99

D-2（德国） 93

ESRO-1A 19，25，88，171

ESRO-1B 26，88，171

ESRO-2B 19，25，89，171

ESRO-4 24，26，89，171

Eurospace（欧洲航空航天工业联合会）
    150

Eutelsat 162

Exosat 26，33，89，100，112

FR-1（法国） 71

GEOS 26，37，89，171

Geotail（日本） 110

Ginga（日本） 100

Glavkosmos（苏联） 98

Grigg-Skjellerup 23，26，37，161，172

Inmarsat 162

Integral 88，98

Interball（俄罗斯） 110

IVS 51

Lyman 102

Mars-94（俄罗斯） 98，144

Metop-1 157

NOAA 卫星 161

NPO Energia 公司（苏联） 98

Phobos 任务 109

PRISMA 项目 51

Prodex 73，99

Quasat 102

Radioastron（俄罗斯） 109

Regatta 145

Sakigake（日本）　104－105，107

San Marco－1（意大利）　71

SLED　66

Solar-A（Japan）　110

Suisei（日本）　104－105，107

TD-1　20，24，26，89，171

Temple 2/哈雷彗星联合任务　90

UK-1（美国）　71

Vega（苏联）　88，104－107

VSOP任务（日本）　109

Vulcan　181

WIND卫星　110

X-伽马光谱观测站（苏联）　145

X射线多镜面任务（XMM）　61，92，
97，174，179

Yohkoh　110

阿富汗　97，108

阿根廷　103

阿莱斯特，弗雷德里克　76

阿兰扎，克拉迪奥　153

阿里亚娜-1　23

阿里亚娜-4　51，173－174

阿里亚娜-5　14，152，174

阿里亚娜空间公司　162

"阿里亚娜"（运载）火箭　2，5，14，
17－18，23，34，36，75，94，126，
151，162，172，175

阿玛尔迪，爱德华多　6

阿姆斯特朗，尼尔　144

阿南，查尔斯　24

"阿特拉斯"火箭　174

埃德尔森，伯特　109

爱尔兰　25，54，72－73

暗天体照相机（FOC）　67，88，
90，173

奥地利　12－13，25，54，71，73，93，
130，147

奥尔比，阿登　96

奥格，皮埃尔　6－7，11－12

奥基亚利尼，朱塞佩　32，90

奥瑟夫，亨克　45

澳大利亚　15－16，102－103

巴黎　6－7，10，12，16，52，112，
118，154－155

巴特戈德贝斯　13，21

巴西　103

班纳，扬　20

邦多纳，乔托，迪　105

保加利亚　99

"暴风雪"号　144－145

北大西洋公约组织（NATO）　5

贝格斯，詹姆斯　123－124，127

比尔曼，路德维希　20

比利时　6，12，15－16，20，24－25，
54，64，71，73，93，156

彼得森，拉里　96

波兰 99，147

伯林，伯特 12

博奈，罗格 44－45，50，95－96，109，134

布勒克尔，约翰 44，46

布鲁塞尔 10，14，23，25，192

布罗利奥，路易吉 7

布什，乔治 134

超导超大型加速器（SSC；美国） 139

楚利，理查德 133

磁层 19，26，68，110，145，171，179

搭载密封舱（APM） 129，130－131，136

大力神/半人马座 174

大型天文卫星（LAS） 19，21－22，27，172

代尔夫特理工大学 10

戴高乐，查尔斯 15，75

丹麦 12，16，21，24－25，54，72－73，93

单一欧州法案 65，143

导弹 15

"德尔塔"运载火箭 171，174

德国 6－7，11－13，15－17，20，25，54－55，64，71－72，77，93，123－124，128，132，134，137，151－153，155－156

德国空间局 132

德拉艾，莫里斯 45

德洛尔，杰克斯 149

等离子 68，97，105，174

等效性原理检验卫星 40

地平线2000 14，34，36，39，43，46－48，50，61，71，74，77，80，82－83，87，91－92，97，111，145，151，163，173－175，179，181

地球科学 43，48，72，81，93，147

第二次世界大战 5－6

电离层 19，25－26，145，171

电信 20，71，81，101－103，147，150，162

调查委员会 43－46

东京 101

杜普雷，安德烈娅 96

对地观测 47－48，93，98－103，145－146，148，151，154，161

对地观测系统（美国） 129

多边出口管控协调委员会 97

多尔丹，让·杰克斯 155

多纳休，托马斯 96

多尼尔（德国公司） 123

俄罗斯 57，81，88，97－98，109－110，137－138，143，145－146，151，154－158

厄瓜多尔 103

"发现"号 124

法国 6 - 7, 12, 15 - 17, 21, 24 - 25, 43, 50, 52, 54 - 55, 64, 66, 71 - 72, 75 - 77, 93, 137, 144, 151, 153, 155 - 156

法国空间局（CNES） 16 - 17, 54, 66, 75 - 76, 155

范艾伦辐射带 51

范·德·许尔斯特，亨克 5, 7, 13

梵蒂冈 107 - 108

放射性同位素热电电源（RTG） 121

非洲 103

菲斯克，伦纳德 134 - 135

芬兰 25, 72, 163

弗拉斯卡蒂 11

伽利略 124

改革 56, 97

盖斯，约翰内斯 96

高能 67, 109, 145

高偏心轨道卫星 19, 24

戈达德航天飞行中心（美国国家航空航天局） 116

戈尔巴乔夫，米哈伊尔 97

戈尔丁，丹尼尔 135 - 136

哥伦比亚 103

"哥伦布"计划 14, 129 - 130, 133, 136, 152 - 153, 155

格拉纳达 14, 37, 59, 146, 154, 156 -

157, 159, 163

工程师 53, 73 - 74, 76, 99, 131, 135, 137, 146 - 147

工业政策 6, 31, 56, 58 - 59, 64 - 65, 80, 143, 149 - 150, 162

工业政策委员会 48, 51, 59, 61

公平返款 58 - 59, 64 - 65, 148 - 150

管理和财务委员会（AFC） 13, 48, 51, 118

管理委员会 13, 122

管理与预算办公室（OMB） 119 - 120, 123 - 124, 128, 135, 137

光度 172 - 173

光谱学 179

圭亚那空间中心 16, 172

国会（美国） 115 - 116, 119, 122 - 124, 127, 132, 134 - 135, 137

国际彗星探测器（ICE；美国） 104

国际空间年 157

国际空间研究委员会（COSPAR） 5 - 6

国际日地关系探测器 89, 104

国际太阳极轨任务（ISPM） 89 - 90, 96, 115 - 116, 118 - 121, 124, 126 - 128, 134 - 135, 137 - 138, 173

国际天文学联合会 45

国际微重力实验室 93

国际紫外线探测器（IUE） 21 - 22, 37, 55, 89, 171

国家空间计划　25，71，73，77

国务院　122-123，128

哈勃空间望远镜（HST）　33，67，
　　81，89-92，124，172-173

哈雷彗星　21，23，26，37，90，98，
　　100，104-109，161，172

哈雷彗星国际观测小组　104-105，107

哈斯克尔，乔治　45

哈维特，马丁　97

海牙　14，59，129-130，152-154，156

航空航天博物馆（华盛顿特区）　97

航天飞机（美国）　24，26，93-94，
　　99，101，116-117，119，122，124，
　　128-129，131

航天器　19，23，26，32，51，56，
　　60，87-88，96，99-100，104-
　　106，115-116，118-124，126，
　　171，173-175，180

合同　53，56，58-61，64-65，68，
　　146，149-150，154，157，180

和平号（苏联空间站）　99，138，
　　145-146

荷兰　5-7，10-13，15-16，20，25，
　　44，54，67，72，93，101，174

赫尔克，亚历山大　13

赫尔墨斯　14，52，75，101，128-
　　129，152-153，155-157

黑格，亚历山大　122

红外空间观测台（ISO）　89，91，96-
　　97，100，127，173

互惠协议　95，97

华盛顿　24，52，88，97，131，134，158

环境　47-48，132，145，149，151，
　　153，157

皇家航空研究院（英国）　12

黄道面　115，124-125，173

彗星交会　23，106，174

彗星交会与小行星飞越（彗星交会，小
　　行星飞越）　132，134-135

彗星任务　27，50

惠更斯　132-133，135，174，180

惠特科姆，戈登　45

火星　144，158，181

基莱斯，保罗　153，155

基律纳（瑞典）　11，18-19

吉本斯，约翰　137

吉布森，罗伊　25，40-41，148，150

极光　19，171

极轨平台　129，131，157

计划董事会　51

加加林，尤里　144

加拿大　25，48，102-103，127-128，
　　134，135-138，163

加拿大空间局　128

贾格尔，克泽　55，96

焦平面仪器　92，173，175

捷克斯洛伐克 99

津巴布韦 103 居里安，休伯特 76，
　127，155 - 156

卡罗比奥，迪卡罗比奥，伦佐 16

卡普里 34，72，80 - 83

卡特 119 - 120，135

卡瓦略，贾科莫 80

卡西尼 132 - 135，174，180

柯拉莉 15

科隆博，朱塞佩 105

科梅，斯蒂格 12

科普捷夫，尤里 99

科斯，让·皮埃尔 21

科学计划（欧州空间局） 2，8，10，
　32 - 37，47，61，76，87，91，102 -
　103，117 - 118，132，163

科学项目部 45

克拉克，肯尼斯 156

克罗利，托马斯 12

肯尼亚 103

空间法 115

空间红外望远镜装置（SIRTF；美国）
　96，127，132

空间科学部（SSD） 11，45，67，
　97，117

空间科学和应用研究中心（CSSAR；中
　国） 103

空间科学机构间咨询组（IACG） 87 -

88，98，100，103 - 105，107 - 110，
　112，157，172

空间科学咨询委员会（SSAC） 40 - 42，
　44，50 - 51，80 - 81，91，116，180

空间实验室 5，7，11 - 12，24，36，
　66 - 67，93 - 94，162

库鲁（法属圭亚那） 17

奎尔，丹 133

奎特戈德，埃里克 44，46，118，121，
　124，127

拉格朗日点 L1 174

莱顿，大学 10

莱恩斯，弗雷迪 12

莱卡 144

蓝光导弹（英国） 15

蓝皮书 7 - 8

劳伦斯 40

雷达跟踪站 19

冷战 1，14，107，138，146，156

里根，罗纳德 118 - 119，135

里森胡贝尔，海因茨 155

理事会 2，5，7 - 8，11 - 14，16 - 17，
　19 - 21，24，27，31 - 33，35，37，
　46 - 48，50 - 53，56，59，66，76 -
　77，82，98，117 - 118，127，148 -
　149，153，155 - 157

利瓦伊，让·丹尼尔 155

粒子 6，26，51，99，171

188

粒子和核物理研究院（匈牙利）　99

谅解备忘录（MOU）　91－91，94，116－121，126，128，130，133，136，138

流体　93

吕东，让·马里　50，99，133，136，149

吕斯特，赖马尔　12，43，94－95，149，154

罗马　11，14，21，46－47，59，83，152

罗马条约　149

罗曼，南希　91

罗塞塔　61，92，174，179

洛德，道格拉斯　93

洛夫莱斯，阿伦　118

马尔凯托，杜乔　91

马普天体物理学研究所　12

马斯特里赫特条约　147，153

马西，哈里　6－8，13

迈克唐纳，弗兰克　96

麦克米伦，哈罗德　15

曼诺，维托里　44，80，91，112，118，121，134

摩洛哥　103

墨西哥　103

木星　20，116，124，173

慕尼黑　14，59，99，129，133，146，148，152－155，157，163

穆萨德，让　12

那不勒斯　34，80－81

南美洲　103

内斯，诺曼　96

挪威　10，12－13，25，54，72－73，147

欧克斯，乌波　66

欧罗巴　15，17，24，94

欧洲核子研究中心（CERN）　6，8，45，67－68

欧洲环境局　151

欧洲货币单位（ECU）　2

欧洲经济共同体（EEC）　65，151

欧洲科学基金会　45

欧洲空间发射基地（ESRANGE）　7，11，19，24

欧洲空间技术中心（ESTEC）　6－7，10－11，66－67

欧洲空间联合会（ESC）　13－14，17

欧洲空间实验室（ESLAB）　7，11－12，67

欧洲空间数据中心（ESDAC）　7，11－12

欧洲空间研究所（ESRIN）　11，23

欧洲空间远程通信联盟　13

欧洲空间运行中心（ESOC）　11，106，145

欧洲南方天文台　45

欧洲气象卫星应用组织　162

欧洲卫星跟踪网络和遥测站（跟踪网）　6

欧洲委员会 143，148－151

欧洲运载火箭开发组织（ELDO） 7，9－
    10，13－17，19－21，24－25，75，143

帕多瓦 105，109

帕内塔，利昂 135

庞兹，肯尼斯 96

佩拉，勒内 43

佩奇，埃德加 45

喷气推进实验室 67，135

平考，克劳斯 77

葡萄牙 147

普赖克，伊恩 134，158

普皮，詹彼得罗 14，21，23

气候 48，151

气象卫星 75，161－162

气象学 75，157

气象预报 161，162

强制性计划 2，14，36－37，47－48，
    50，58，61，81，162－163

乔丹，赫尔曼 12

乔托 21，23，27，33，37，50－51，
    89－91，103－107，126，161，172

日本 57，77，81，83，87－89，94，
    99－101，104－105，108－110，127，
    134－138，143，150，158－159，173

日本宇宙开发事业团（NASDA）
    101，128

日地科学计划（STSP） 61，91－92，

109－110，173，179

日地科学计划 61，91－92，109－110，
    173，179

瑞典 6，10－12，16，19，24－25，
    54，71－72，130，147

瑞士 6，12，16，25，54，72，93，130

萨格杰耶夫，罗尔德 109，112，
    144－145

萨科特，丹尼尔 155

射电天文学 102

深空网（DSN） 88，106－107，109

生命科学 72，93，99，129，146

圣阿兰惠斯，将军 55

圣乔治马乔雷岛 45

市场竞争 57

首颗人造卫星（苏联） 6，144

斯坦伯格，让·路易斯 96

斯托克曼，戴维 119，122

斯温斯，波尔 20

苏联 5－6，14，72－73，75，77，83，
    87－88，97－100，104－110，143－
    146，152，154，157，161

苏联科学院空间研究所（IKI） 109，
    144－145

太阳和日球层观测台（SOHO） 91，
    110，145，173－174

太阳能电池阵 87－88，90，173

太阳系探索 21，41，45，68，109，

179－180

探空火箭　7－8，11，15，19，23－24，
　71，104

"探路者"概念　105－106

特伦德伦堡，恩斯特　11－12，108，121

天体测量　51，172

天体物理学　45，68，124，179－180

天文学　51，55，76，102，171－172，179

"挑战者"号　34，117，124，131，144

突尼斯　103

土卫六　88，132－133，174，180

土星　132－133，174

瓦伦特，萨维里奥　34，80

威尼斯　45

微重力　2，43，47－48，72，81，93，
　98，130，162

未来计划研究办公室　45

西班牙　20，25，54－55，64，71－72，
　93，99，153－154，156

希腊　147

先进X射线天文设备（AXAF；美国国
　家航空航天局）　92，132

先驱者　115

项目开发　60，73－74

小型地区性卫星　147

协定　12－14，21，24－25，31－34，
　36－37，48，53，56，59，71，73，
　75，148－149

"星簇"计划　91，110

行星际介质　25－26，109，115，
　171，173

匈牙利　88，99，147

选择性计划　13－14，33，35－38，43，
　48，50－52，58，65，73，75，80，
　93，128，162－163

亚毫米探测器（美国）　92

遥测　6，16，55，171

遥感　71，145，148，150

依巴谷　51，67，89，91，172

意大利　6－7，11－13，15－16，25，
　32，34，54，64，71－72，80，93，
　105，132，147，151，156

印度　102－103

印度空间研究组织（ISRO）　102

应用计划　14，24－25，36，71，75，
　100，102，130，145

英国　6－8，10－12，14－16，21，25，
　47，54－55，64，66，71－72，76－
　77，87－88，93，100，117，130，
　156－157

英国国家空间中心（BNSC）　76

尤利西斯　81，89，91，124－125，
　138，173

有人照料自由飞行体（MTFF）　128－
　131，156

有效载荷　8，120－121，131

于贝，马丁　67

宇航员　66，99，145

宇宙科学研究本部（ISAS）　81，98，
　　100，101，104，110，173

宇宙射线　19，25，171

语言障碍　53

预算　2，8 - 9，12，14 - 17，20，23 -
　　24，27，32 - 35，37，43 - 44，46 -
　　48，51，61，64，66，74，76 - 77，
　　81，89 - 90，93，111，115 - 122，
　　124，126，128，131 - 139，144，152 -
　　153，155 - 156，163，179

远红外和亚毫米空间望远镜（FIRST）
　　61，92，175，179

约翰・保罗二世，教皇　107 - 108

月球　20，50，158，181

月球极轨探测器　50

载人航天飞行　103

在轨基础设施　99，152

战略防御倡仪　109

招标声明　91，95

政府间协议（IGA）　94，128，130 -
　　131，133，136，138

执行委员会　5，13，17，31，33，40 -
　　43，48，50 - 53，58 - 61，87，90，
　　95，98，121，123，152 - 154，156

"质子"运载火箭（俄罗斯）　57，151

智利　103

中国　57，77，88，103，143，159，162

中国科学院　103

中南美洲　103

中欧　97 - 99，127，146 - 147，162

准周期性天体　172